Kerstin Kaddatz

Komplexität der Transkriptionsregulation durch PPARβ/δ

Kerstin Kaddatz

Komplexität der Transkriptionsregulation durch PPARβ/δ

Südwestdeutscher Verlag für Hochschulschriften

Imprint
Any brand names and product names mentioned in this book are subject to trademark, brand or patent protection and are trademarks or registered trademarks of their respective holders. The use of brand names, product names, common names, trade names, product descriptions etc. even without a particular marking in this work is in no way to be construed to mean that such names may be regarded as unrestricted in respect of trademark and brand protection legislation and could thus be used by anyone.

Publisher:
Südwestdeutscher Verlag für Hochschulschriften
is a trademark of
Dodo Books Indian Ocean Ltd., member of the OmniScriptum S.R.L Publishing group
str. A.Russo 15, of. 61, Chisinau-2068, Republic of Moldova Europe
Printed at: see last page
ISBN: 978-3-8381-2426-1

Zugl. / Approved by: Marburg, Philipps-Universität, Dissertation, 2010

Copyright © Kerstin Kaddatz
Copyright © 2011 Dodo Books Indian Ocean Ltd., member of the OmniScriptum S.R.L Publishing group

Inhaltsverzeichnis

Abkürzungsverzeichnis		6
Abbildungs- und Tabellenverzeichnis		10
1	**Zusammenfassung**	**13**
2	**Einleitung**	**16**
2.1	*„Peroxisome proliferator-activated receptors"*- PPARs	16
2.1.2	Struktur	17
2.1.3	Regulation der Transkription	18
2.1.3.1	DNA-Bindung	18
2.1.3.2	Liganden	19
2.1.3.3	Ko-Faktoren	20
2.1.3.4	PPARβ/δ-spezifische transkriptionelle Regulation	21
2.1.4	Funktion von PPARβ/δ in biologischen Prozessen und bei der Tumorigenese	21
2.2	*„Transforming growth factor-β"* **(TGFβ)**	23
2.2.1	Regulation der Transkription	23
2.2.1.1	Der kanonische TGFβ-Signalweg	23
2.2.1.2	Nicht-kanonische TGFβ Signalwege	26
2.2.2.	Aufbau der SMADs	27
2.2.3	Regulation der SMAD-Aktivität durch Phosphorylierung	28
2.2.4	Rolle von TGFβ bei der Tumorigenese	29
2.3	*„Angiopoietin-like 4"* (ANGPTL4)	29
2.3.1	Struktur	29
2.3.2	Biologische Funktion	30
2.3.3	Regulation der Expression	30
2.4	**Ziel der vorliegenden Arbeit**	**31**

3 Material und Methoden 32

3.1	**Material**	**32**
3.1.1	Geräte	32
3.1.2	Verbrauchsmaterialien	34
3.1.3	Chemikalien	35
3.1.4	Puffer und Lösungen	38
3.1.4.1	*Allgemeine Puffer und Lösungen*	*38*
3.1.4.2	*Spezielle Puffer und Lösungen*	*38*
3.1.5	Kits	42
3.1.6	Primer und Oligonukleotide	43
3.1.7	Plasmide	47
3.1.8	Enzyme	49
3.1.9	Antikörper	49
3.1.10	Computerprogramme und Datenbanken	49
3.2	**Methoden**	**50**
3.2.1	**Biochemische und molekularbiologische Methoden**	**50**
3.2.1.1	*Der Umgang mit Bakterien: Kultivierung, Herstellung und Transformation kompetenter Bakterien*	*50*
3.2.1.2	*Plasmidisolierung im kleinen und großen Maßstab*	*52*
3.2.1.3	*RNA-Isolierung aus Zellkulturen*	*53*
3.2.1.4	*Konzentrationsbestimmung von Nukleinsäuren*	*53*
3.2.1.5	*Restriktionsverdau von Plasmid-DNA*	*54*
3.2.1.6	*DNA-Analyse durch Agarose-Gelelektrophorese*	*54*
3.2.1.7	*DNA-Elution aus Agarose-Gelen*	*55*
3.2.1.8	*Ligation von DNA-Fragmenten*	*55*
3.2.1.9	*DNA-Sequenzierung*	*55*
3.2.1.10	*PCR*	*55*
3.2.1.11	*cDNA-Synthese*	*56*
3.2.1.12	*Quantitative PCR*	*57*
3.2.1.13	*Subklonierung von DNA- Fragmenten*	*58*
3.2.1.14	*Klonierung von PCR Fragmenten in den pCR2.1-TOPO Vektor*	*59*
3.2.1.15	*Site-directed Mutagenesis*	*59*

3.2.1.16	Weitere Klonierungsstrategien	60
3.2.1.17	Herstellen von Proteinextrakten	62
3.2.1.18	Diskontinuierliche SDS-Polyacrylamid-Gelelektrophorese	62
3.2.1.19	Western Blot/ Immunoblot	63
3.2.2	**Zellbiologische Methoden**	64
3.2.2.1	Verwendete Zelllinien	64
3.2.2.2	Der Umgang mit Zellen: Passagieren, Kryokonservierung, Auftauen und Zählen von Zellen	65
3.2.3	**Transfektion**	67
3.2.3.1	PEI- Transfektion	67
3.2.3.2	siRNA –Transfektion	68
3.2.4	**Luziferase-Reportergen-Assay (Luziferase-Assay)**	69
3.2.5	**Electrophoretic mobility shift assay (EMSA)**	71
3.2.5.1	Herstellung von radioaktiv markierten Oligonukleotid-Proben	71
3.2.5.2.	In vitro Proteinsynthese	71
3.2.5.3.	Electrophoretic mobility shift assay (EMSA)	72
3.2.6	*Microarray*	72
3.2.7	**Statische Auswertung**	73
3.2.8	**Mauszucht und Tierexperimente**	73
4	**Ergebnisse**	74
4.1	**Klassifizierung von PPARβ/δ-Zielgenen**	74
4.1.1	Identifizierung von PPARβ/δ-Zielgenen mittels *Microarray*-Analyse	74
4.1.2	Genomweite Suche nach PPARβ/δ-Bindestellen	76
4.1.3	Charakterisierung von PPARβ/δ-Zielgenen	78
4.1.3.1	Einfluss spezifischer Agonisten auf die Genexpression	78
4.1.3.2	Einfluss spezifischer Antagonisten und PPARβ/δ-Depletion auf die Genexpression	80
4.2	***Cross-talk* des TGFβ- und PPARβ/δ-Signalwegs**	82
4.2.1.	Identifizierung von koregulierten Genen mittels *Microarray*-Analyse	82

4.3	**Regulation von *ANGPTL4* durch PPARβ/δ und TGFβ**	85
4.3.1	Einfluss von TGFβ und PPAR-Agonisten auf die Expression von *ANGPTL4*	86
4.3.2	Analyse der PPARβ/δ-abhängigen Regulation	89
4.3.2.1	Einfluss spezifischer PPARβ/δ-Depletion auf die Aktivierung von *ANGPTL4*	89
4.3.2.2	*In vitro* Bindungsanalyse putativer PPREs mittels EMSA	90
4.3.2.3	Funktionelle Analyse putativer PPREs mittels Luziferase-Reporter-Assay	92
4.3.3	Analyse der TGFβ-abhängigen Regulation	95
4.3.3.1	Identifizierung des TGFβ-*Enhancer*-Bereichs	95
4.3.3.2	Identifizierung putativ beteiligter Transkriptionsfaktoren durch Mutationsanalyse	99
4.3.3.3	Einfluss spezifischer Depletion von SMAD2/3/4, ETS1, RUNX1/2 und AP1-Familienmitgliedern auf die Aktivierung von *ANGPTL4*	101
4.3.3.4	Transkriptionelle Aktivierung von *ANGPTL4* durch TGFβ in SMAD4-defizienten Zelllinien	106
4.3.3.5	Validierung putativ beteiligter Transkriptionsfaktoren mittels ChIP-Analyse	107
4.3.4	Analyse der kooperativen Regulation von *ANGPTL4* durch TGFβ und PPARβ/δ	108
4.3.4.1	Überprüfung der identifizierten PPARβ/δ- und TGFβ-*Enhancer*-Bereiche des *ANGPTL4*- Gens auf Kooperation im Luziferase-Reporter-Assay	108
4.3.4.2	Identifizierung von Interaktionen zwischen den *Enhancer*-Bereichen TGF-E und PPAR-E mittels ChIP-Analysen	110
4.4	**Regulation von *ANGPTL4* durch weitere Signalwege**	113
4.4.1	Einfluss von 9-*cis* Retinsäure, Dexamethason und TPA auf die Aktivierung von *ANGPTL4*	113
5	**Diskussion**	116
5.1	**Klassifizierung von PPARβ/δ-Zielgenen** Klasse I, II und III	116
5.2	***Cross-talk* des TGFβ- und PPARβ/δ-Signalwegs**	119

5.3	PPAR-E, ein PPAR-induzierbarer intronischer *Enhancer* des *ANGPTL4*-Gens	120
5.4	TGF-E, ein TGFβ-induzierbarer stromaufwärts-gelegener *Enhancer* des *ANGPTL4*-Gens	122
5.5	Synergistische Regulation des *ANGPTL4*-Gens durch TGFβ und PPARβ/δ	124
5.6	Biologische Funktion der synergistischen Regulation von *ANGPTL4* durch TGFβ und PPARβ/δ	126
5.7	Ausblick	128
6	**Literaturverzeichnis**	130
7	**Anhang**	140
7.1	Verzeichnis der akademischen Lehrer	140
7.2	Publikationen	140
7.3	Danksagung	141

Abkürzungsverzeichnis

°C	Grad Celsius
A	Adenin
AA	Arachidonsäure
Abb.	Abbildung
ABCA1	„ATP-binding cassette transporter"
ADRP	„Adipose differentiation-related protein"
AKT	RAC-alpha serine/threonine kinase; Proteinkinase B
ANGPTL4	„Angiopoietin-like 4"
AP-1	„Activator protein-1"
APC	„Adenomatous polyposis coli"
BAEC	„Bovine aortic endothelial cells"
BMP	"Bone morphogenetic protein"
Bp	Basenpaar
bzw.	beziehungsweise
C	Cytosin
ca.	circa
cAMP	zyklisches Adenosinmonophosphat
CBP	„CREB binding protein"
CDK	„Cyclin-dependent kinase"
cDNA	„complementary/copy DNA"
cPGI	Carbaprostazyklin
cPLA2	zytosolische Phospholipase A2
CPT1A	Carnitinpalmitoyltransferase 1
C-Terminus	Carboxyterminus
CYP24A1	Cytochrom P450 24A1
DBD	DNA-Bindungsdomäne
DIAPH1	„Diaphanous homolog 1"
DNA	„Desoxyribonucleic acid" (Desoxyribonukleinsäure)
dNTP	2'-Desoxyribonukleosidtriphosphat
DR	„direct repeats"
EBS	„ETS-binding site"
EC(s)	Endothelzelle(n)
E.coli	Escherichia coli
E2F	Transkriptionsfaktor E2F
ER	Estrogen Receptor
ERK	„Extracellular-signal related kinase"

Abkürzungsverzeichnis

et al.	*et alter* (und andere)
ETS	„V-ets erythroblastosis virus E26 oncogene homolog 1"
FABP	„Fatty acid binding protein"
FCS	„Fetal calf serum" (Fetales Kälberserum)
FGF	„Fibroblast growth factor"
FOS	„FBJ murine osteosarcoma virus"
FRA	„FOS-related antigen"
G	Guanin
GR	Glucocorticoid Rezeptor
GTP	Guanosintriphosphat
h	Stunde(n)
h	human (Mensch)
HAT	Histon-Acetyltransferase
HDAC	Histon-Deacetylase
His	Histidin
HUVEC	„Human umbilical vein endothelial cells"
I-κB	„Inhibitor of Nuclear factor B"
IMT	Institut für Molekularbiologie und Tumorforschung (Universität Marburg)
JNK	c-JUN N-terminale Kinase
kb	Kilobasen
kDa	Kilodalton
LBD	Ligandenbindungsdomäne
LBP	„Lipid binding protein"
LEO1	Paf1/RNA Polymerase II Komplex Komponente
LIPG	endotheliale Lipase
LLC	„Lewis lung carcinoma"
Lsg.	Lösung
LXR	Leber X Rezeptor
m	milli
m	murin (Maus)
MAPK	„Mitogen activated protein kinase"
MDa	Megadalton
mg	Milligramm
min	Minute(n)
miRNA	microRNA
ml	Milliliter
mM	Millimolar

Abkürzungsverzeichnis

mPPAR	murines (Maus) PPAR (PPAR s. u.)
MW	molecular weight (Molekulargewicht)
N	Nukleotid (A,G,C, oder T)
N-CoR	„Nuclear receptor co-repressor"
NF-B	„Nuclear factor-B"
nm	Nanometer
N-Terminus	Aminoterminus
PAI1	„Plasminogen activator inhibitor 1"
PCR	„Polymerase chain reaction" (Polymerase-Kettenreaktion)
PDGF	„Platelet-derived growth factor"
PGC-1	„PPAR coactivator-1"
PGE2	Prostaglandin E2
pH	Wasserstoffexponent (negativer dekadischer Logarithmus der Protonenkonzentration)
PI3K	Phosphatidyl-Inositol-3-Kinase
PKB	Proteinkinase B (AKT)
PKC	Proteinkinase C
Pol II	RNA- Polymerase II
PPAR	„Peroxisome prolifertor activated receptor"
PPRE	„Peroxisome proliferator response element"
Q-PCR	Quantitative PCR („Real-time" PCR)
RA	„Retinoic Acid" (Retinsäure)
Ras	„rat sarcoma virus"
RBE	„Runx-binding element"
RHO	„Ras homologue"
RIPA	„Radio immuno precipitation assay"
RLU	„Relative light unit"
RNA	„Ribonuclein acid" (Ribonukleinsäure)
ROCK	„Rho-kinase"
Rpl27	„Ribosomal protein L27"
RT	Raumtemperatur
RUNX	„Runt related transcription factor"
RXR	„Retinoid X receptor"
s	Sekunde(n)
s.	siehe
s. o.	siehe oben
s. u.	siehe unten

Abkürzungsverzeichnis

SBE	„Smad binding element"
SHARP	„SMRT/HDAC I-associated repressor protein"
SMRT	„Silencing mediator for retinoid and thyroid hormone receptor"
SP	„Specifity protein"
SRC	„Steroid receptor coactivator"
T	Thymin
Tab.	Tabelle
TGF	„Transforming growth factor "
THBS1/2	Thrombospondin1/2
TK	Thymidinkinase
TNF	„Tumour necrosis factor"
TPA	12-O-tetradecanoylphorbol-13-acetat
TR	Thyroid Hormonrezeptor
TS	Transkriptionsstart
U	Unit (Einheit der jeweiligen Enzymaktivität)
u. a.	unter anderem
u. U.	unter Umständen
üN	über Nacht
UpM	Umdrehungen pro Minute
UV	Ultraviolett
v/v	„Volume per volume" (Volumen/Volumen)
VDR	Vitamin D-Rezeptor
vgl.	Vergleiche
w/v	„Weight per volume" (Gewicht/Volumen)
Wt	Wildtyp
z. B.	zum Beispiel
z. T.	zum Teil
µ	Mikro
µg	Mikrogramm
µl	Mikroliter

Abbildungs- und Tabellenverzeichnis

Abb. 2.1	Struktur der PPARs.	17
Abb. 2.2	Liganden-abhängige Regulation der Transkription durch PPAR:RXR Heterodimere.	20
Abb. 2.3	TGFβ-abhängige Regulation der Transkription.	25
Abb. 2.4	Struktur der SMADs.	26
Abb. 4.1	Transkriptionelle Aktivierung verschiedener Gene durch PPARβ/δ-Liganden.	76
Abb. 4.2	Expression verschiedener Gene nach Antagonisten-Behandlung und PPARβ-Depletion.	77
Abb. 4.3	Genomweite transkriptionelle Antwort von humanen Myofibroblasten nach Behandlung mit TGFβ, PPARβ/δ-Agonist oder beiden Liganden.	79
Abb. 4.4	Transkriptionelle Aktivierung repräsentativer PPARβ/δ und TGFβ-Zielgene.	81
Abb 4.5	Kooperative Aktivierung von *ANGPTL4* durch PPAR-Liganden und TGFβ in humanen Zelltypen	83
Abb. 4.6	Kooperative Aktivierung der *ANGPTL4*-Expression durch Verstärkung der Transkription.	84
Abb. 4.7	Aktivierung von *ANGPTL4* durch GW und TGFβ nach PPARβ/δ-Depletion.	85
Abb. 4.8	Identifizierung von zwei putativen PPREs des *ANGPTL4-Enhancers* im Intron 3.	86
Abb. 4.9	*In vitro* Bindung von PPARβ/δ:RXRα Heterodimeren an drei PPREs des *ANGPTL4-Enhancers*.	87
Abb. 4.10	Funktionelle Analyse der drei PPREs des *ANGPTL4-PPAR-Enhancers*.	88
Abb. 4.11	Vergleich der PPARβ/δ- und RXRα-abhängigen Reporteraktivität (PPRE2+3).	89
Abb. 4.12	Identifizierung des TGFβ-*Enhancer*-Bereichs des *ANGPTL4*-Gens.	91
Abb. 4.13	Eingrenzen des TGFβ-responsiven Bereichs in der Region A des *ANGPTL4*-Gens.	93
Abb. 4.14	Mutationsanalyse von putativen AP1, ETS1, RUNX, SP und SMAD Bindestellen des *ANGPTL4-TGFβ-Enhancers*.	94
Abb. 4.15	TGFβ-vermittelte Aktivierung von *ANGPTL4* und *PAI1* nach spezifischer	97

Abb. 4.16	Depletion von SMAD2/3/4. TGFβ-vermittelte Aktivierung von *ANGPTL4* nach spezifischer Depletion von ETS1 oder RUNX2	98
Abb. 4.17	TGFβ-vermittelte Aktivierung von *ANGPTL4* nach spezifischer Depletion von AP1-Familienmitgliedern.	99
Abb. 4.18	Aktivierung der *ANGPTL4*-Expression durch TGFβ in SMAD4-Defizienten Zelllinien.	100
Abb. 4.19	Rekrutierung von Transkriptionsfaktoren zur TGF-E Region, Region B, PPAR-E Region, zur TGFβ-induzierbaren Region von *PAI1* (Positiv-Kontrolle) und zu einem irrelevanten genomischen Fragment (Negativkontrolle).	101
Abb. 4.20	Kooperative Regulation des identifizierten PPAR-abhängigen und TGFβ-abhängigen *Enhancers* des *ANGPTL4*-Lokus im Luziferase-Reporter-Assay.	103
Abb. 4.21	Effekt von TGFβ, GW501516 und PPAR-Depletion auf die Interaktion von SMAD3 mit dem PPAR-E *Enhancer*.	104
Abb. 4.22	Einfluss von 9-*cis* Retinsäure, TPA und Dexamethason auf die *ANGPTL4*-Expression.	106
Abb. 4.23	Einfluss von 9-*cis* RA, Dexamethason, TPA und TGFβ auf den TGF-E-Reporter.	107
Abb. 5.1	Modell der putativen Interaktionen zwischen verschiedenen funktionellen Regionen des *ANGPLT4*-Gens.	117

Tabelle 4.1	Auszug *Microarray*-Analyse.	73
Tabelle 4.2	Auszug ChIP-Sequenzierung.	74
Tabelle 5.1	Klassifizierung von PPARβ/δ-Zielgenen.	110

1 Zusammenfassung

Der „peroxisome proliferator activated receptor β/δ" (PPARβ/δ) ist ein Liganden-induzierbarer Transkriptionsfaktor, der neben einer essentiellen Rolle im Lipidmetabolismus und der Energiehomöostase auch Funktionen bei der Regulation der Zelldifferenzierung, Proliferation und Apoptose besitzt. Im ersten Teil der vorliegenden Arbeit konnten anhand von Expressionsanalysen und ChIP-Sequenzierung drei Klassen von Zielgenen in humanen Myofibroblasten identifiziert werden. Gene der ersten Klasse werden durch PPARβ/δ reprimiert und durch Agonisten schnell und stark aktiviert. Die zweite Klasse von Genen zeigt keine Repression durch PPARβ/δ. Die Induktion erfolgt durch Agonisten deutlich schwächer und langsamer und die Expression wird stark durch Antagonisten reprimiert. Die dritte Klasse enthält Gene, deren Expression direkt mit dem PPARβ/δ-Niveau korreliert, wobei die Regulation liganden-unabhängig ist. Desweiteren erfolgt die Bindung von PPARβ/δ im Gegensatz zur Klasse I und II ohne nachweisbare „PPAR response elements" (PPREs). Zusammenfassend erlauben diese Daten somit die Definition unterschiedlicher Klassen von PPARβ/δ-Zielgenen, die sich in den Mechanismen ihrer Regulation unterscheiden.

PPARβ/δ spielt nicht nur eine Schlüsselrolle in der Regulation metabolischer Signalwege sondern moduliert zudem inflammatorische Prozesse und besitzt eine essentielle Funktion im Tumorstroma, was auf eine funktionelle Interaktion von PPARβ/δ und Zytokin-Signalwegen hinweist. Im zweiten Teil der Arbeit konnte mittels genomweiter Expressionsanalyse gezeigt werden, dass PPARβ/δ- und „transforming growth factor β" (TGFβ)-Signalwege in humanen Myofibroblasten funktionell miteinander agieren. Eine Anzahl von Genen werden kooperativ durch TGFβ und PPARβ/δ aktiviert. Für das Modellgen „angiopoeitin-like 4" (ANGPTL4) konnten zwei Enhancer Regionen identifiziert werden, die für die synergistische Aktivierung verantwortlich sind. Ein TGFβ-induzierbarer, stromaufwärts vom Transkriptionsstart (TS) gelegener Enhancer (ca. -8,5 kb relativ zum TS) wird durch einen Mechanismus reguliert, der SMAD3, ETS1, RUNX2 und AP-1 Transkriptionsfaktoren einbezieht, welche mit mehreren benachbarten Bindestellen interagieren. Ein zweiter Enhancer (PPAR-E), der aus drei nebeneinander liegenden PPREs besteht, befindet sich im Intron 3 des ANGPTL4-Gens (ca. +3,5 kb relativ zum TS). Der PPAR-E wird durch alle drei PPAR-Subtypen stark aktiviert, wobei ein neuartiges PPRE Motiv eine zentrale Rolle einnimmt. Obwohl der PPAR-E nicht durch TGFβ reguliert wird, interagiert diese Region mit SMAD3, ETS1, RUNX2 und AP-1 *in vivo*, was eine mögliche mechanistische Erklärung für den beobachteten Synergismus liefert.

Summary

Peroxisome-proliferator activated receptor β/δ (PPARβ/δ) is a ligand-inducible transcription factor that plays an essential role in lipid metabolism and energy homoeostasis and has been connected to different cellular processes like differentiation, proliferation and apoptosis. In the first part of the thesis, three different classes of target genes were identified in human myofibroblasts by expression profiling and genome-wide chromatin immunoprecipitation analysis (ChIP-sequencing). Class I genes are repressed by PPARβ/δ and show strong and rapid induction by specific agonists. Class II genes exhibit no PPARβ/δ-mediated repression. Their induction by agonists is comparably weak and slower, and their expression is strongly repressed by antagonists. The third class encompasses genes whose expression is ligand-independent, but correlates with PPARβ/δ levels. Surprisingly, PPARβ/δ binding of class III genes occurs in the absence of detectable PPAR response elements (PPREs). Taken together, these analyses led to the definition of different classes of target genes that are distinguished by their mechanism of regulation.

PPARβ/δ does not only play a key role in the regulation of metabolic pathways, but also modulates inflammatory processes and has essential functions in tumor stroma, indicating a functional interaction between PPARβ/δ and cytokine signaling. In the second part of this thesis, transcriptional profiling of human myofibroblasts revealed a functional interaction of PPARβ/δ and transforming growth factor β (TGFβ) signaling pathways, and showed that a subset of genes are cooperatively activated by TGFβ and PPARβ/δ. Two different enhancer regions mediating synergistic activation were identified in the angiopoetin-like 4 (*ANGPTL4*) gene, which was used as a model. A TGFβ responsive enhancer located ~8.5 kb upstream of the transcriptional start site (TSS) is regulated by a mechanism involving SMAD3, ETS1, RUNX2 and AP-1 transcription factors that interact with multiple contiguous binding sites. A second enhancer (PPAR-E), consisting of three adjacent PPREs, is located in the third intron ~3.5 kb downstream of the TSS. The PPAR-E is strongly activated by all three PPAR subtypes, with a novel type of PPRE motif playing a central role. Although the PPAR-E is not regulated by TGFβ, it interacts with SMAD3,

ETS1, RUNX2 and AP-1 *in vivo*, providing a possible mechanistic explanation for the observed synergism.

2 Einleitung

Krebs ist nach den Erkrankungen des Herz-Kreislauf-Systems die zweithäufigste Todesursache in Deutschland (2009, Kategorie "Bösartige Neubildungen" 25,4 %, Statistisches Bundesamt). Umso wichtiger ist die Aufklärung der Mechanismen, die zur Entstehung eines Tumors beitragen. In den letzten Jahren lieferten in diesem Zusammenhang einige Studien zunehmend Hinweise, dass die so genannten *„peroxisome proliferator-activated receptors"* (PPARs) durch ihre Rolle bei der Regulation des Zellzyklus, der Apoptose, sowie der Angiogenese eine entscheidende Funktion bei der Tumorigenese besitzen. Eigene Studien der Arbeitsgruppe weisen zudem auf eine spezielle Rolle des Subtyps PPARβ/δ in Tumorstromazellen hin, welche für das stetige Wachstum des Tumors essentiell sind (Müller-Brüsselbach, Kömhoff et al. 2007). Im nächsten Kapitel folgt ein kurzer Abriss über die Familie der PPARs einschließlich der Struktur und die Mechanismen der transkriptionellen Regulation. Die biologische Funktion wird für den Subtyp PPARβ/δ abschließend detaillierter besprochen.

2.1 *„Peroxisome proliferator-activated receptors"*- PPARs

PPARs gehören zu der Superfamilie der Kernrezeptoren, die als liganden-induzierbare Transkriptionsfaktoren die Expression verschiedener Gene regulieren. Diese Untergruppe wurde Anfang der 90er Jahre in Nagetieren im Zusammenhang mit der Proliferation von Peroxisomen identifiziert (Issemann and Green 1990). Zu ihrer Familie, die auch alternativ NR1C genannt wird, gehören die drei Rezeptorsubtypen: PPARα (NR1C1), PPARβ/δ (NR1C2) und PPARγ (NR1C3) (NR-Nomenclature 1999). Durch ihre Beteiligung an der Regulation des Lipid- und Glukosemetabolismus spielen sie u. a. eine entscheidende Rolle bei der Entstehung von Erkrankungen wie Diabetes mellitus, Adipositas und Atherosklerose. Sie besitzen zudem wichtige Funktionen bei Entwicklungsprozessen, der Wundheilung, der Zelldifferenzierung und anderen pathologischen Vorgängen wie Krebs und Fibrose. Da sie Liganden-induzierbare Transkriptionsfaktoren darstellen, sind PPARs für die pharmazeutische Industrie hoch relevante Ziele, was zur Entwicklung von einer Vielzahl synthetischer Liganden geführt hat (Peraza, Burdick et al. 2006).

2.1.2 Struktur

Wie alle Kernrezeptoren sind auch PPARs aus verschiedenen funktionalen Domänen aufgebaut (Laudet, Hanni et al. 1992): einer variablen N-terminalen Region (A/B), einer DNA-Bindungsdomäne (DBD bzw. Region C), einer „Linker"-Region (D), der Region (E), die die Liganden-Bindungsdomäne (LBD) enthält und der C-terminalen Helix 12 (AF-2, Region F) (siehe Abbildung 2.1).

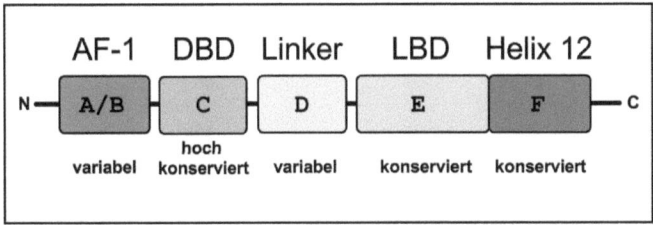

Abb. 2.1 Struktur der PPARs. Schematische Darstellung. A/B: Liganden-abhängige Aktivierungsfunktion AF-1, C: DNA-Bindungsdomäne (DBD), D: Linker-Domäne, E: Liganden-Bindungsdomäne (LBD)/Dimerisierungsdomäne, F: Helix 12/ Liganden-abhängige Aktivierungsfunktion AF-2 (modifiziert nach Komar 2005).

Die DBD und LBD stellen dabei sehr hoch konservierte Regionen zwischen den Rezeptor-Subtypen dar. Die DBD besteht aus zwei Zinkfingern, die spezifisch „peroxisome proliferator response elements" (PPREs) in regulatorischen Regionen von PPAR-responsiven Genen erkennen (Hsu, Palmer et al. 1998). Dagegen ist die „Linker"-Region zwischen DBD und LBD sehr variabel, sie ermöglicht die Rotation der DBD. Die LBD befindet sich im C-terminalen Bereich der Rezeptoren und wird aus 13 α-Helices und vier β-Faltblatt-Strukturen zusammengesetzt. Im Gegensatz zu anderen Kernrezeptoren besitzen PPARs eine relativ große Liganden-Bindetasche (Nolte, Wisely et al. 1998; Xu, Lambert et al. 2001). Dadurch können sie mit einer Vielfalt von strukturell unterschiedlichen, natürlichen und synthetischen Liganden interagieren. Die PPAR-Subtypen können zudem durch unterschiedliche Aminosäure-Sequenzen der LBDs verschiedene Liganden binden (Hsu, Palmer et al. 1995; Xu, Lambert et al. 2001). Der „retinoid X receptor" RXR, der obligatorische Heterodimerisierungspartner der PPARs, interagiert mit der Helix 10 in der LBD. Im C-Terminus der LBD befindet sich desweiteren die Liganden-abhängige Aktivierungsdomäne (AF-2). Diese Region ist eng an der Bildung der Ko-Aktivatoren-Bindetasche des Rezeptors beteiligt (Nolte, Wisely et al. 1998).

Während andere Kernrezeptoren (wie z. B. der Glukokortikoid-Rezeptor oder der Estrogen-Rezeptor) nur durch Liganden aktiviert werden können, weisen PPARs, besonders PPARα, eine konstitutive Grundaktivität auf (Werman, Hollenberg et al. 1997; Juge-Aubry, Hammar et al. 1999; Gurnell, Wentworth et al. 2000; Lazennec, Canaple et al. 2000). Durch Stabilisierung der Helix 12 (AF-2) über intra- und intermolekulare Kräfte in einer aktiven Konformation können auch in Abwesenheit von Liganden Ko-Aktivatoren rekrutiert werden (Molnar, Matilainen et al. 2005; Michalik, Zoete et al. 2007). Abschließend ist eine weitere Aktivierungsregion (AF-1) zu erwähnen, die jedoch Liganden-unabhängig ist und N-terminal in der A/B Domäne liegt (Werman, Hollenberg et al. 1997).

2.1.3 Regulation der Transkription

2.1.3.1 DNA-Bindung
Die klassische transkriptionelle Regulation der PPARs erfolgt durch Heterodimerisierung mit dem obligatorischen Bindungspartner *„retinoid X receptor"* (RXR) (Miyata, McCaw et al. 1994). Es konnten bislang drei Isoformen von RXR identifiziert werden: RXRα, β und γ, welche alle durch den endogenen Agonist 9-*cis* Retinsäure sowie durch nicht-zyklische Terpenoide aktiviert werden (Mangelsdorf, Borgmeyer et al. 1992; Harmon, Boehm et al. 1995). In Abwesenheit eines Liganden bildet RXR Homotetramere, die keine transkriptionelle Aktivität besitzen und somit als inaktive Speicher dienen. Wenn der Ligand 9-*cis* Retinsäure vorhanden ist, werden die Homotetramere aufgelöst und stehen für die Regulation der Genexpression als Homo- oder Heterodimere zur Verfügung (Kersten, Kelleher et al. 1995; Kersten, Pan et al. 1995; Yasmin, Williams et al. 2005). Die Bildung der Heterodimere ist dabei unabhängig von einer DNA- oder Ligandenbindung (Feige, Gelman et al. 2005). Die Bindung des PPAR:RXR Heterodimers an die DNA ist immer gleich orientiert (5'-PPAR:RXR-3') und beide Rezeptoren sind durch ihren jeweiligen Liganden aktivierbar (permissive Heterodimere) (Mangelsdorf and Evans 1995). Die Bindung beider Liganden führt zudem zu einem synergistischen Effekt auf die Transaktivierung (Kliewer, Umesono et al. 1992; Issemann, Prince et al. 1993). PPREs finden sich sowohl im Promotor als auch in Intronsequenzen der entsprechenden Zielgene (Mandard, Muller et al. 2004; Heinäniemi, Uski et al. 2007). Sie sind direkte Wiederholungen [*„direct repeats"* (DR-1)] von zwei Hexanukleotiden mit einer Konsensus-Sequenz AGGTCA, die durch ein Nukleotid voneinander getrennt sind (Mangelsdorf and

Evans 1995; Palmer, Hsu et al. 1995). Die Affinität der Bindung des PPAR:RXR Heterodimers an die DNA hängt vom Nukleotid ab, das sich zwischen den beiden Hexanukleotiden befindet, wobei die Anwesenheit eines Adenins eine verstärkte Bindung verursacht. Zusätzlich beeinflusst der 5' vom PPRE-liegende Bereich die Subtyp-Spezifität der DNA-Bindung, er besitzt die Konsensus Sequenz A(A/T)CT (Hsu, Palmer et al. 1998).

2.1.3.2 Liganden

Aufgrund ihrer Funktion als Lipidsensoren in der Zelle, die nahrungsbedingte Veränderungen im Lipid- und Fettsäurehaushalt in metabolische Aktivität umsetzen, zählen zu ihren natürlichen Liganden gesättigte und ungesättigte Fettsäuren und deren Derivate (Berger and Moller 2002). Die Arachidonsäure-Derivate 8(S)-HETE („*hydroxyeicosatetaenoic acid*") und Leukotrien B4 (LTB4) repräsentieren natürliche PPARα-spezifische Liganden. Prostaglandine aktivieren alle Mitglieder der PPAR-Familie. Das Prostaglandin-Derivat PGJ2 konnte jedoch als spezifischer PPARγ-Ligand identifiziert werden (Desvergne and Wahli 1999). Der in der Literatur oft beschriebene spezifische Effekt der Aktivierung von PPARβ/δ durch Prostazyklin PGI2 konnte in Studien von Fauti et al. (2006) nicht bestätigt werden (Fauti, Müller-Brüsselbach et al. 2006). Dafür konnte unsere Arbeitsgruppe 15-HETE als natürlich vorkommenden PPARβ/δ-Agonist identifizieren (Naruhn, Meissner et al. 2010). Oft führen endogene Liganden aufgrund der schwachen Bindung und der geringen Konzentration nur zu einer schwachen PPAR-Aktivierung (Wahli 1993; Desvergne and Wahli 1999; Xu, Lambert et al. 1999). Wesentlich affiner sind eine große Anzahl von synthetischen Liganden, zu denen die Fibrate, Fettsäure-Analoga, „*non-steriodal anti-inflammatory drugs*" (NSAIDs) und Thiazolidinedione (TZDs) gehören (Lehmann, Lenhard et al. 1997; Escher and Wahli 2000; Komar 2005). Sie sind deutlich Subtyp-spezifischer und werden zur Behandlung verschiedener Erkrankungen wie Hyperlipidämie oder Diabetes mellitus genutzt (Forman, Chen et al. 1997; Mizukami and Taniguchi 1997). So wurde beobachtet, dass die Gruppe der Fibrate eine hohe Affinität für PPARα besitzen, in hohen Konzentrationen jedoch auch PPARγ aktivieren (Escher and Wahli 2000). TZDs binden dagegen selektiv an PPARγ (Lehmann, Moore et al. 1995). Zu den synthetischen PPARβ/δ-Aktivatoren gehören L165041, GW2433, GW0742 und GW501516 (Hihi, Michalik et al. 2002; Marin, Peraza et al. 2006). Letzterer Agonist wird zur Zeit in einer klinischen Phase II Studie zur Behandlung von Dyslipidämien getestet (GlaxoSmithKline, Studiennummer: NCT00158899) (Pelton 2006).

2.1.3.3 Ko-Faktoren

PPARs regulieren die Transkription ihrer Zielgene durch die Bindung des PPAR:RXR Heterodimers an ein PPRE und die liganden-abhängige Interaktion mit Ko-Faktoren. In Abwesenheit eines Liganden liegen die PPAR:RXR Heterodimere im Komplex mit Ko-Repressoren wie NCoR („*nuclear receptor corepressor*"), SMRT („*silencing mediator of retinoid and thyroid receptors*") oder SHARP („*SMRT and histone deacetylase-associated repressor protein*") vor, welche Histondeacetylasen der Klasse I rekrutieren (HDACs). Letztlich führt dies zur Kondensation des Chromatins und zur Repression der Transaktivierung (Krogsdam, Nielsen et al. 2002; Shi, Hon et al. 2002; Stanley, Leesnitzer et al. 2003; Yu, Markan et al. 2005). Sobald ein Ligand an den Rezeptor bindet, ändert sich die Konformation der Ligandenbindungsdomäne (Wurtz, Bourguet et al. 1996). Die Ko-Repressoren lösen sich vom PPAR:RXR-Heterodimer und es können Ko-Aktivatoren und Ko-Aktivator-assoziierte Proteine rekrutiert werden. Ko-Aktivatoren interagieren mit der AF-2 der PPARs über ein konserviertes LXXLL Motiv (L= Leucin, X= beliebige Aminosäure) (Heery, Kalkhoven et al. 1997; Torchia, Rose et al. 1997). PPARs interagieren mit großen Ko-Aktivator-Proteinkomplexen, bestehend aus mehreren Untereinheiten. Während einige eine intrinsische Histonacetyltransferase (HAT)- oder Methyltransferase-Aktivität besitzen, fungieren andere als Vermittler von ATP-abhängigen Chromatin „*remodelling*" Komplexen oder als Brücken zur basalen Transkriptionsmaschinerie (Lemon, Inouye et al. 2001; Martens and Winston 2003; Yu, Markan et al. 2005). So rekrutiert der „*PPARγ co-activator 1α*" (PGC1α) Aktivierungskomplexe, während die Ko-Aktivatoren CBP/p300 („*CREB-binding protein*") und SRC-1/2/3 („*steroid receptor co-activator*") selbst eine HAT-Aktivität besitzen. Die Ko-Aktivator-assoziierten Proteine CARM1 („*coactivator-associated arginine methyltransferase 1*") oder PIMT („*PRIP-interacting protein with methyltransferase domain*") verfügen hingegen über eine Methyltransferase-Aktivität (Zhu, Qi et al. 1996; Dowell, Ishmael et al. 1997; Gelman, Zhou et al. 1999; Puigserver, Adelmant et al. 1999; Lim, Moon et al. 2004; Molnar, Matilainen et al. 2005). Das PPARγ-bindende Protein (PBP/TRAP220/MED1) enthält keine enzymatische Aktivität, sondern ist Teil des Mediator-Komplexes und nimmt somit direkt Kontakt mit der RNA-Polymerase II auf (Zhu, Qi et al. 1997; Lewis and Reinberg 2003; Yu and Reddy 2007).

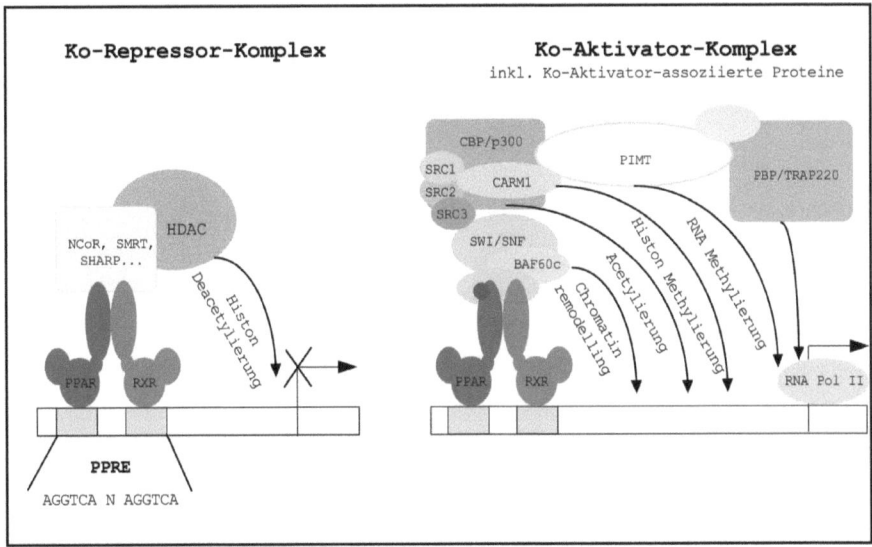

Abb. 2.2 Liganden-abhängige Regulation der Transkription durch PPAR:RXR Heterodimere. Schematische Darstellung. In Abwesenheit eines Liganden binden PPAR:RXR Heterodimere mit assoziiertem Ko-Repressor-Komplex an PPRE-Sequenzen der DNA. Histondeacetylasen (HDACs) führen zur Repression der Genexpression (rechts). Nach Ligandenbindung (rot) löst sich der Repressor-Komplex und eine Vielzahl an Ko-Aktivatoren und Ko-Aktivator-assoziierten Proteinen werden rekrutiert. Dieser Protein-Komplex aktiviert durch Chromatin *remodelling*, Acetylierung/Methylierung oder durch direkten Kontakt mit der basalen Transkriptionsmaschinerie die Expression von PPAR-Zielgenen (rechts). Modifiziert nach Yu und Reddy, 2007.

2.1.3.4 PPARβ/δ-spezifische transkriptionelle Regulation

PPARβ/δ aktiviert nicht nur wie eben beschrieben über den kanonischen Mechanismus Zielgene, sondern reguliert alternativ auch eine Vielzahl von Transkriptionsfaktoren, die in inflammatorischen Prozessen eine Rolle spielen (Ricote and Glass 2007). Dies geschieht entweder durch das Modulieren ihrer Genexpression, wie im Fall von ATF3 (Nawa, Nawa et al. 2000) oder durch eine direkte physikalische Interaktion. Zur letzten Gruppe gehören BCL6 (Lee, Chawla et al. 2003) NFκB (Inoue, Itoh et al. 2002; Rival, Beneteau et al. 2002; Planavila, Rodriguez-Calvo et al. 2005; Ding, Cheng et al. 2006; Coll, Alvarez-Guardia et al. 2010), STAT3 (Kino, Rice et al. 2007) und KLF5 (Oishi, Manabe et al. 2008).

2.1.4 Funktion von PPARβ/δ in biologischen Prozessen und bei der Tumorigenese

Einleitung

PPARβ/δ wird ubiquitär exprimiert, wobei sich höhere Expressionsstärken im Gehirn, in der Haut, im Muskel, in der Plazenta und im Magen-Darm-Trakt finden (Desvergne and Wahli 1999; Tan, Michalik et al. 2004). PPARβ/δ besitzt nicht nur eine Schlüsselrolle im Fettstoffwechsel der peripheren Gewebe, sondern auch in wichtigen Zellfunktionen wie Adhäsion, Differenzierung und Proliferation (Müller, Rieck et al. 2008). So reicht die Vielzahl der biologischen Funktionen von PPARβ/δ von der Differenzierung der Keratinozyten während der Wundheilung (Di-Poi, Michalik et al. 2003), über die Entwicklung der Plazenta bzw. Implantierung des Embryos in die Plazenta (Lim, Gupta et al. 1999), bis hin zur Myelinisierung von Nervenzellen (Peters, Lee et al. 2000). Durch die Modulation von Signalwegen, die bei inflammatorischen Prozessen eine Rolle spielen, kann PPARβ/δ außerdem Entzündungsreaktionen regulieren (Lee, Chawla et al. 2003; Kostadinova, Wahli et al. 2005; Barish, Narkar et al. 2006; Ding, Cheng et al. 2006; Moraes, Piqueras et al. 2006; Kilgore and Billin 2008)

Die Funktion von PPARβ/δ bei der Tumorigenese wird in diversen Studien kontrovers diskutiert. Während einige Arbeitsgruppen eine erhöhte Expression von PPARβ/δ in mehreren Tumorlinien zeigen (He, Chan et al. 1999; Gupta, Tan et al. 2000; Tong, Tan et al. 2000; Jaeckel, Raja et al. 2001; Park, Vogelstein et al. 2001; Suchanek, May et al. 2002), weisen andere Studien auf ein erhöhtes Tumorwachstum in Abwesenheit von PPARβ/δ hin (Harman, Nicol et al. 2004; Reed, Sansom et al. 2004; Marin, Peraza et al. 2006; Yang, Zhou et al. 2008). Übereinstimmend mit der Funktion von PPARβ/δ bei der Regulation der Differenzierung zeigt sich nach Ligandenaktivierung auch in vielen Tumorzelllinien ein anti-proliferativer Effekt (Aung, Faddy et al. 2006; Hollingshead, Killins et al. 2007; Girroir, Hollingshead et al. 2008; Hollingshead, Borland et al. 2008). Eigene Studien unserer Arbeitsgruppe konnten zeigen, dass Pparβ/δ eine essentielle Funktion in Tumorstroma-Zellen besitzt (Müller-Brüsselbach, Kömhoff et al. 2007). Die Deletion von *Ppard* resultiert in einer Hemmung des Wachstums syngener Tumoren, einhergehend mit einem stark veränderten hyperplastischen Tumorstroma und einer abnormalen Menge an Myofibroblasten sowie dem Fehlen ausgereifter Tumorblutgefäße. Die Studien weisen auf eine spezifische Funktion von Pparβ/δ im Tumorstroma hin, da keine Effekte bei der physiologischen Angiogenese oder vergleichbaren Prozessen nachweisbar waren. Aus diesem Grund ist das Modulieren von Signalen, die durch Tumorzytokine ausgelöst werden, ebenfalls eine mögliche Funktion von Pparβ/δ. Eine Schlüsselrolle beim Tumorwachstum und bei der Tumor-Stroma-Interaktion spielt das Zytokin TGFβ (Massague 2008). Es kann somit angenommen werden, dass TGFβ- und PPARβ/δ-

Signalwege funktionell miteinander interagieren. Ein wesentlicher Teil dieser Doktorarbeit beschäftigt sich mit der Verifizierung dieser Hypothese. Das folgende Kapitel beinhaltet daher einen Einblick über das Zytokin TGFβ und dessen assoziierte Signalwege.

2.2 „Transforming growth factor-β" (TGFβ)

Das Zytokin *„transforming growth factor-β"* (TGFβ) ist ein Mitglied der TGFβ-Superfamilie, welche aus mehr als 30 Faktoren besteht. Diese Familie kann in zwei Gruppen eingeteilt werden, wobei die erste neben TGFβ *„activin"*, *„nodal"*, *„myostatin"* und *„lefty"* beinhaltet. Die *„bone morphogenetic proteins"* (BMP), das *„anti-muellerian hormone"* (AMH) und verschiedene *„growth and differentiation factors"* (GDF) bilden indes die zweite Gruppe (Roberts and Wakefield 2003; Derynck and Akhurst 2007). Ihre Einteilung beruht auf Sequenz-Ähnlichkeiten und der Aktivierung spezifischer Signalwege. Wie die meisten Mitglieder dieser Familie liegt auch TGFβ in verschiedenen Varianten vor. Es existieren drei Isoformen dieses Zytokins: TGFβ1, TGFβ2 und TGFβ3 (Cheifetz, Hernandez et al. 1990). Das Vorläufer-Protein aller TGFβ Isoformen besitzt eine Größe von 390-412 Aminosäuren, wobei jede Isoform von einem eigenen Gen kodiert wird (Derynck, Jarrett et al. 1985; Gentry and Nash 1990; ten Dijke, Iwata et al. 1990; Schlunegger and Grutter 1992). Nach intrazellulärer Spaltung bilden die zwei entstandenen Polypeptide ein Dimer. Der N-terminale Teil stellt das 80 kD große *„latency associated peptide"* (LAP) dar, welches kovalent an das C-terminale gereifte TGFβ (25 kD) gebunden ist. Solange LAP anwesend ist, bleibt TGFβ biologisch inaktiv. Erst nach der Sekretion wird TGFβ durch Abspaltung des LAP durch Enzyme der Extrazeluärmatrix in ein aktives Signalmolekül umgewandelt (Gray and Mason 1990).

2.2.1 Regulation der Transkription

2.2.1.1 Der kanonische TGFβ-Signalweg

Aktivierte TGFβ Dimere binden an je zwei Paaren von Serin/Threonin-Kinasen, TGFβ-Rezeptor Typ I und Typ II, was zur Ausbildung eines heteromeren Komplexes führt. Der Mensch besitzt sieben Rezeptoren des Typs I (ALK 1-7) und fünf Rezeptoren des Typs II (ActR-IIa, ActR-IIB, BMPRII; AMHRII und TβRII), die unterschiedlich gepaart als Rezeptor-Komplexe für diverse Zytokine der TGFβ-Familie vorkommen (Massague 1992). Die

Isoform TGFβ benutzt vorzugsweise den TβR-II Rezeptortyp II und den ALK5-Rezeptortyp I (Shi and Massague 2003). Im Gegensatz zu den BMPs zeigt TGFβ eine hohe Affinität zu den Typ II Rezeptoren und interagiert nicht mit den Typ I Rezeptoren (Massague 1998). Beide Typen der Rezeptoren bestehen aus über 500 Aminosäuren, die zu einer N-terminalen extrazellulären Ligandenbindungsdomäne, einer Transmembran-Region und einer C-terminalen intrazellulären Serin/Threonin-Kinase Domäne angeordnet sind (Shi and Massague 2003). Nach Ligandenbindung kommt der konstitutiv aktive Typ II Rezeptor in räumliche Nähe des Typ I Rezeptors, was zur Phosphorylierung verschiedener Serine und Threonine in der zytoplasmatischen TTSGSGSG-Sequenz (GS-Region) führt (Massague 1998). Aufgrund ihrer kritischen Funktion bei der Rezeptoraktivierung dient die GS-Region als wichtige regulatorische Domäne des TGFβ-Signalwegs. Zwei gegensätzliche Modelle versuchen das Zusammenlagern des funktionalen Liganden-Rezeptor-Komplexes (ein Liganden-Dimer und vier Rezeptor-Moleküle) zu erklären. Im allosterischen Modell führt die Bindung des Liganden an den Typ II Rezeptor zur Konformationsänderung des Liganden, was zur Exposition der Bindungsstelle für den Typ I Rezeptor führt (Hart, Deep et al. 2002). Im kooperativen Modell interagiert der Typ I Rezeptor mit einer ausgedehnten Oberfläche, die auf die Bildung des Rezeptor Typ II-Liganden-Komplexes angewiesen ist. Die Phosphorylierung des Typ I Rezeptors führt zur Dissoziation des Inhibitors FKBP12 (*„12-kDa FK506-binding protein"*) und zur nachfolgenden Assoziation von SMAD Transkriptionsfaktoren (Huse, Chen et al. 1999). Aktivierte Rezeptor-Komplexe leiten das TGFβ-Signal über Phosphorylierung von SMAD Transkriptionsfaktoren am C-terminalen Ende weiter. Von den acht SMAD Proteinen, die im Menschen exprimiert werden, agieren fünf als Substrate der TGFβ-Rezeptoren (SMAD1, 2, 3, 5 und 8) und werden Rezeptor-assoziierte SMADs (R-SMADs) genannt. Während TGFβ zur Aktivierung von SMAD2 und SMAD3 führt, benutzen BMP-Rezeptoren ausschließlich SMAD1, 5 und 8 als Substrat. SMAD4 interagiert als genereller Partner mit den R-SMADs und wird deshalb als Co-SMAD (common smad) bezeichnet (Lagna, Hata et al. 1996; Zhang, Feng et al. 1996; Nakao, Imamura et al. 1997; Chen, Zhao et al. 2004). Zusätzlich besitzen SMAD6 und SMAD7 eine inhibitorische Funktion, indem sie als *decoys* mit der SMAD-Rezeptor-Bindung oder der SMAD-SMAD-Interaktion interferieren (I-SMADs). Einmal aktiviert, verlieren die R-SMADs ihre Affinität zum Protein SARA (*„smad anchor for receptor activation"*), was zum Kerntransport führt (Tsukazaki, Chiang et al. 1998). Im Nukleus assoziieren zwei R-SMADs mit einem SMAD4 (heterotrimer Komplex), um die

Transkription der Zielgene zu regulieren (Johnson, Kirkpatrick et al. 1999). SMAD Proteine besitzen eine geringe DNA-Bindungsaffinität (Sequenz AGAC) (Shi, Wang et al. 1998; Zawel, Dai et al. 1998; Johnson, Kirkpatrick et al. 1999). Um jedoch eine hohe Bindung und selektive Aktivierung spezifischer Zielgene zu erreichen, benötigen sie die Interaktion mit weiteren Transkriptionsfaktoren. Diese SMAD Partner stammen von verschiedenen Familien, unter ihnen die „forkhead" (z. B. Fast1), „homeobox" (z. B. Mixer), Zinkfinger, bHLH („basic helix loop helix") (z. B. TFE3) und AP1-Familie (Moustakas, Souchelnytskyi et al. 2001; Feng and Derynck 2005; Massague, Seoane et al. 2005). Die Zusammensetzung der assoziierten Transkriptionsfaktoren hängt dabei von der Anwesenheit bestimmter Bindestellen in den regulatorischen Regionen der jeweiligen Zielgene ab.

So führt die Interaktion, wie im Fall von Fast1 („forkhead activin signal transducer-1"), zu einer festen Bindung des SMAD-Komplexes an die DNA (Weisberg, Winnier et al. 1998). Alternativ kann die Interaktion mit anderen Transkriptionsfaktoren zur Rekrutierung von diversen Ko-Faktoren, die entweder Ko-Aktivatoren, Ko-Repressoren oder Chromatin-remodelling Faktoren darstellen, führen. Beispiele hierfür sind der Transkriptionsfaktor E3 (TFE3) (Hua, Miller et al. 1999) und die Jun/Fos-Komplexe (Zhang, Feng et al. 1998; Guo, Inoki et al. 2005), die bei der SMAD-abhängigen Regulation des Pai1 Gens mitwirken und CBP/p300 rekrutieren. Die Gruppe der „acute myelogenous leukemia" AML-Transkriptionsfaktoren (AML1-3, auch RUNX1-3 genannt) konnte bei der Regulation des IgA1 und IgA2-Gens als Partner von SMAD3 und SMAD4 identifiziert werden (Hanai, Chen et al. 1999; Pardali, Xie et al. 2000). Wie TFE3 können die AMLs zusätzlich mit dem Transkriptionsfaktor ETS1 („V-ets erythroblastosis virus E26 oncogene homolog 1") kooperativ an die DNA binden (Wotton, Ghysdael et al. 1994; Tian, Erman et al. 1999; Xie, Pardali et al. 1999). Ein Ko-Repressor, der mit SMAD-Komplexen assoziiert, ist zum Beispiel der „TGF-β inducible factor" (TGIF), welcher HDACs rekrutiert (Wotton, Lo et al. 1999).

Einige der Faktoren sind ubiquitär exprimiert und erlauben dieselbe Antwort in allen Zelltypen. Andere SMAD Partner sind begrenzt auf bestimmte Zelltypen, was zu einer Zelltyp-abhängigen Antwort führt. Die Kombination unterschiedlichster Transkriptionsfaktoren führt zu vielfältigen Antworten eines TGFβ-Stimulus.

2.2.1.2 Nicht-kanonische TGFβ Signalwege

Neben dem eben besprochenen klassischen Signalweg werden eine Vielzahl von alternativen Signalwegen durch TGFβ ausgelöst. Diese können entweder R-SMAD-beteiligt oder vollkommen SMAD-unabhängig sein. Zu den erst genannten Wegen zählt die transkriptionelle Regulation von SMAD2/3 in Kooperation mit TIF1γ (*„transcription intermediate factor 1γ"*). TIF1γ interagiert mit den R-SMADs im Wettbewerb mit SMAD4 bei der TGFβ-induzierten erythroiden Differenzierung (He, Dorn et al. 2006). Ebenfalls SMAD4-unabhängig wurde die TGFβ-induzierte transkriptionelle Regulation des *Mad1* Gens (*„Myc oncogen antagonist"*) bei der Keratinozytendifferenzierung in Mäusen beschrieben (Descargues, Sil et al. 2008), hier interagieren SMAD2/3 mit der IκB Kinase (IKKα).

Desweiteren kann TGFβ vollkommen SMAD-unabhängig die Erk, JNK (c-JUN N-terminale Kinase) und p38 MAPK Signalwege, die Phosphatidylinositol3-Kinase (PI3K) sowie die GTPasen RhoA und Cdc42 aktivieren (Moustakas and Heldin 2005; Giehl, Imamichi et al. 2007). Dabei wird das TGFβ-Signal über verschiedene Weisen durch den TGFβ-Rezeptor-Komplex auf Adaptormoleküle der einzelnen Kinasewege vermittelt (Zhang 2009). Die detaillierten Mechanismen dieser Aktivierung sind oft wenig verstanden und benötigen weitere Untersuchungen. Die bisherigen Erkenntnisse weisen darauf hin, dass für die weitreichende TGFβ-Antwort der Zellen eine Kombination von SMAD-abhängigen und SMAD-unabhängigen Signalwegen wichtig ist.

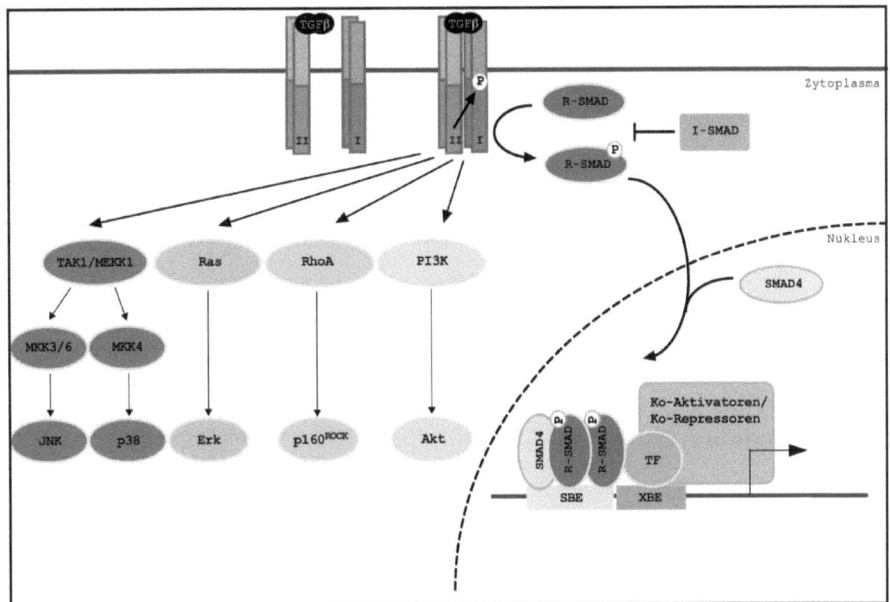

Abb. 2.3 TGFβ-abhängige Regulation der Transkription. Schematische Darstellung. Aktivierung verschiedener SMAD-abhängiger und -unabhängiger Signalwege durch TGFβ. TF- Transkriptionsfaktor, SBE- „*smad binding element*", XBE- Bindeelement für beliebigen Transkriptionsfaktor. Nähere Erläuterung siehe Text. Modifiziert nach Derynck und Zhang 2003.

2.2.2. Aufbau der SMADs

Der generelle Aufbau der R-SMAD und Co-SMAD Transkriptionsfaktoren ist in Abb. 2.4 skizziert. Sie besitzen eine konservierte MH1-Domäne und eine C-terminale MH2-Domäne, welche eine variable Linker-Region flankieren. Den inhibitorischen SMADs fehlen eine erkennbare MH1-Domäne, sie besitzen jedoch auch die MH2-Domäne. Beide MH-Domänen können mit Sequenz-spezifischen Transkriptionsfaktoren interagieren, wobei der C-Terminus der R-SMADs zur Rekrutierung der Ko-Aktivatoren CBP und p300 führt. Die MH1-Domäne ist für die DNA-Bindung verantwortlich, während die MH2-Domäne die SMAD-Oligomerisierung und SMAD-Rezeptor-Interaktion vermittelt (Itoh, Itoh et al. 2000; Massague 2000; Moustakas, Souchelnytskyi et al. 2001). SMAD2 besitzt in der MH1-Domäne eine 30 Aminosäuren lange Insertion (Exon 3), was zu strukturellen Veränderungen und zum Verlust der DNA-Bindung führt. Neben dieser Hauptisoform existiert eine um das Exon 3-verkürzte SMAD2-Variante, die an die DNA binden kann und repressorische Eigenschaften besitzt (Dunn, Koonce et al. 2005).

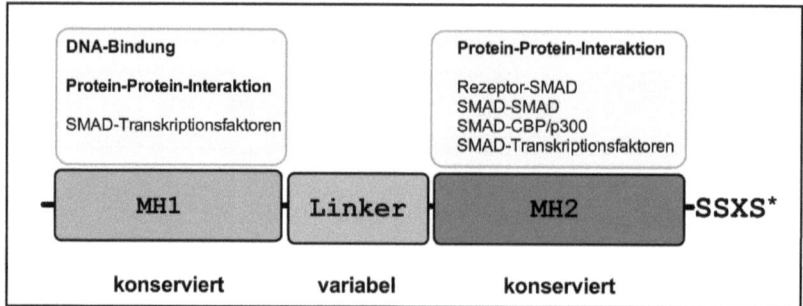

Abb. 2.4 Struktur der SMADs. Schematische Darstellung. MH1-Domäne (nicht bei I-SMADs), Linker-Region, MH2-Domäne, SSXS-Motiv: Rezeptorphosporylierung, *nur bei R-SMADs, genaue Erläuterungen im Text. Modifiziert nach Derynck und Zhang 2003.

2.2.3 Regulation der SMAD-Aktivität durch Phosphorylierung

Die C-terminale Phosphorylierung des SSXS-Motivs (S= Serin) der R-SMADs ist ein Schlüsselereignis der SMAD-Aktivierung (Itoh, Itoh et al. 2000; Massague 2000; Moustakas, Souchelnytskyi et al. 2001). Aber auch andere Kinasen regulieren die Aktivität der SMADs. Oft sind dabei Kinasen involviert, die selbst durch TGFβ induziert werden (siehe oben). Die Phosphorylierungsstellen sind über die verschiedenen Domänen der SMADs verteilt, Hauptangriffsort der Kinasen bildet jedoch die Linker-Region. Der Erk MAPK Signalweg phosphoryliert die MH1-Domäne von SMAD2 und die Linker-Region von SMAD1, 2 und 3 (Kretzschmar, Doody et al. 1999; Funaba, Zimmerman et al. 2002), was zur Inhibition der Liganden-induzierten Kerntranslokation der aktivierten SMADs führen kann. Die Phosphorylierung von SMAD3 durch JNK verstärkt hingegen die Kernlokalisation und die transkriptionelle Aktivität (Engel, McDonnell et al. 1999). Ein weiteres Beispiel stellt die Phosphorylierung der MH1-Domäne von SMAD2 und 3 durch die Protein Kinase C (PKC) dar, welche die DNA-Bindung aufhebt (Yakymovych, Ten Dijke et al. 2001). Interessanterweise wird im Gegensatz zu den R-SMADs SMAD4 nicht durch Phosphorylierung reguliert.

Die Inaktivierung des TGFβ-Signals wird neben der Ubiquitinierung der SMADs durch den umgekehrten Prozess gewährleistet. Die Dephosphorylierung des C-terminalen SSXS Motivs der R-SMADs durch die Phosphatase PPM1A/PP2Cα steht dabei im Vordergrund (Lin, Duan et al. 2006). Der nukleäre Export und der nachfolgende Zerfall der SMAD-Komplexe sind die Konsequenz (Inman, Nicolas et al. 2002; Xu, Kang et al. 2002; Schmierer and Hill 2005).

2.2.4 Rolle von TGFβ bei der Tumorigenese

TGFβ ist ein multifunktionales Zytokin, das eine Vielzahl von biologischen Prozessen kontrolliert. Es reguliert sowohl während der embryonalen Entwicklung als auch im adulten Organismus die Proliferation, Differenzierung, Angiogenese, Wundheilung, Entzündungsreaktionen, Immunantworten und andere Prozesse.

Bei der Entstehung und Progression eines Tumors nimmt TGFβ eine duale Rolle ein. Es ist häufig anwesend in der Tumorumgebung. Zellen, die TGFβ im Tumor produzieren, sind zum einen die Tumorzellen selbst, zum anderen diverse Zelltypen des Tumorstromas, wobei jede Quelle zu einer Kontext-abhängigen funktionalen Konsequenz führt. Während TGFβ in frühen Stadien der Tumorprogression eine Wachstums-inhibitorische Funktion besitzt, induziert es in malignen Formen verschiedene Aktivitäten, die zum Wachstum, zur Invasion und Metastasierung der Krebszellen führen (Derynck and Akhurst 2007; Massague 2008). Die Tumorsuppression erlangt TGFβ einerseits durch Restriktion der epithelialen Proliferation und andererseits durch die Hemmung der Mitogen-Produktion von Fibroblasten des Stromas. Verlieren Tumorzellen durch spontane Mutationen die suppressive Wirkung von TGFβ, entfaltet das Zytokin seine pro-tumorigene Wirkung. Prozesse, die hierbei im Vordergrund stehen, sind die Inhibition der Tumorimmunität, die epitheliale-mesenchymale Transition (EMT) und die Bildung von Myofibroblasten (siehe Review Massague 2008: „TGFβ in Cancer"). Padua und Kollegen beschrieben zudem 2008 wie TGFβ über die Induktion der „angiopoietin-like 4" (ANGPTL4)-Expression die Metastasierung von Brustkrebszellen fördert (Padua, Zhang et al. 2008). Da in der vorliegenden Doktorarbeit anhand dieses Modell-Gens die Interaktion des TGFβ- und PPARβ/δ-Signalwegs bei der transkriptionellen Regulation untersucht wird, folgt ein kurzer Abschnitt über die biologische Funktion und die bisherigen Erkenntnisse zur transkriptionellen Regulation von ANGPTL4.

2.3 „Angiopoietin-like 4" (ANGPTL4)

2.3.1 Struktur

ANGPTL4 gehört zur Familie der „angiopoietin-like proteins" und besteht wie alle Mitglieder dieser Familie aus verschiedenen Domänen. Hervorzuheben ist die N-terminale

„coiled-coil" Domäne und das C-terminale „fibrinogen-like" Motiv. ANGPTL4 wird sezerniert und bildet höher-geordnete oligomere Strukturen. Zusätzlich zur Oligomersierung kann ANGPTL4 proteolytisch gespalten werden, so dass zwei Produkte entstehen können: eine lange und eine verkürzte Form. Die Prozessierung erfolgt dabei Organ-abhängig (kurze Form: Leber, lange Form: weißes Fett). Beide Formen sind im Blutplasma nachweisbar (Ge, Yang et al. 2004).

2.3.2 Biologische Funktion

Die höchsten Expressionsraten von ANGPTL4 sind im weißen Fettgewebe, in der Leber, im Darm, im Skelettmuskel und im Herz nachgewiesen. Die Inhibition der Lipoproteinlipase (LPL) scheint die Hauptfunktion von ANGPTL4 zu sein, wodurch es zur Regulation des Lipid-Metabolismus beiträgt (Mandard, Zandbergen et al. 2006). Dieser Prozess wird hauptsächlich durch PPARs reguliert und besitzt z.B. eine wichtige Rolle bei der Bereitstellung von nicht-veresterten Fettsäuren aus dem weißen Fettgewebe zur Verbrennung im gestressten Muskel (bei Nahrungsentzug oder Belastung) (Staiger, Haas et al. 2009) oder schützt Herzmuskelzellen vor Fettsäure-induziertem oxidativen Stress (Georgiadi, Lichtenstein et al.). Aufgrund starker Expressionsraten in hypoxischen Geweben (Wiesner, Brown et al. 2006; Wang, Wood et al. 2007) und der strukturellen Ähnlichkeit zu den Angiopoietinen scheint ANGPTL4 zusätzlich an der Angiogenese beteiligt zu sein. Diese Rolle wurde in verschiedenen Veröffentlichungen kontrovers diskutiert, ANGPTL4 kann kontext-abhängig pro- und anti-angiogen agieren (Le Jan, Amy et al. 2003; Gealekman, Burkart et al. 2008; Yang, Wang et al. 2008). Desweiteren konnte gezeigt werden, dass ANGPTL4 die Weichen für die distale Metastasierung von Brustkrebszellen stellt (siehe oben). Dies erreicht ANGPTL4 durch Auflockerung der endothelialen Strukturen, was zur Extravasation von Tumorzellen aus dem Blut ins Lungengewebe führt (Padua, Zhang et al. 2008; Hu, Fan et al. 2009). Neben dieser Studie zeigten Galaup und Kollegen 2006 genau den gegenteiligen Effekt. Ihrer Meinung nach besitzt ANGPTL4 einen anti-metastatischen Effekt durch eine verminderte vaskuläre Permeabilität und Tumorzell-Motilität (Galaup, Cazes et al. 2006).

2.3.3 Regulation der Expression

Bislang konnten verschiedene Faktoren identifiziert werden, die die *ANGPTL4*-Expression transkriptionell regulieren. Der drastische Anstieg der Expression unter hypoxischen Bedingungen wird durch den Transkriptionsfaktor „hypoxia-inducible factor" (HIF-1α) vermittelt (Belanger, Lu et al. 2002). Ein weiterer Stimulus, der die ANGPTL4-Expression stark erhöht, ist der Nahrungsentzug (Fasten), was den alternativen Namen „fasting induced adipose factor" (FIAF) erklärt. Dieser Effekt wird hauptsächlich zelltyp-spezifisch durch alle drei PPAR-Subtypen gewährleistet, welche im Intron 3 des Gens ein PPRE erkennen (Mandard, Zandbergen et al. 2004). Zusätzlich steht ANGPTL4 unter der Kontrolle eines weiteren Mitglieds der Kernrezeptor-Familie, da Dexamethason, der synthetische Ligand der Glukokortikoid-Rezeptoren, ebenfalls die Expression erhöht (Koliwad, Kuo et al. 2009). Wie bereits beschrieben, wird ANGPTL4 in humanen Brustkrebszellen durch TGFβ induziert, was durch den Transkriptionsfaktor SMAD4 vermittelt wird (Padua, Zhang et al. 2008). Letztlich führt die Aktivierung der Proteinkinase C (PKC), der ERK und JNK Kinasen durch Phorbol-12-myristat-13-acetat (PMA) zur ANGPTL4-Induktion in humanen glatten Muskelzellen (Stapleton, Joo et al.).

2.4 Ziel der vorliegenden Arbeit

Wie PPARs die Transkription ihrer Zielgene steuern, ist in einer Vielzahl von Veröffentlichungen beschrieben und schematisch in Abbildung 2.2 dargestellt. Abweichend von diesem generalisierenden Modell traten in diversen Versuchen unserer Arbeitsgruppe Unterschiede in der Aktivierung der Expression von PPARβ/δ-Zielgenen auf. Spezifische Agonisten induzierten dabei unterschiedlich stark und schnell die Expression der Gene. Aus diesem Grund beschäftigt sich der erste Teil dieser Arbeit mit der Klassifizierung von PPARβ/δ-Zielgenen.

Unsere Arbeitsgruppe konnte zeigen, dass PPARβ/δ neben der Regulation von metabolischen Prozessen eine essentielle Rolle im Tumorstroma besitzt. Das Modulieren von Signalen, die durch Tumorzytokine ausgelöst werden, könnte aus diesem Grund eine putative Funktion von PPARβ/δ sein. Da das Zytokin TGFβ eine Schlüsselrolle bei der Tumor-Stroma-Interaktion einnimmt, sollte im zweiten Teil dieser Arbeit untersucht werden, ob es einen cross-talk zwischen PPARβ/δ- und TGFβ-Signalwegen gibt, ausgehend von genomweiten Expressionsanalysen.

3 Material und Methoden

3.1 Material

3.1.1 Geräte

Autoclaven	Bioclav und Fedegari Schütt, Olching
AutoLumat Plus LB953 Luminometer	Berthold, Düsseldorf
Biofuge Pico	Heraeus, Hanau
Biorad Proteon II 8,6 x 7,7 cm	Bio-Rad, München
Brutschrank BBD6120 (nicht begasbar, 37°C) ->Bakterien	Heraeus, Hanau
Brutschrank BBD6220 (CO2-begasbar, 37°C) -> Zellen	Heraeus, Hanau
Dri-Block DB-3	Techne, Dexford-Cambridge (UK)
Einfrierbox Nalgene Cryo	Neerijse, Belgien
Electroblotter HEP-1 Panther Semi Dry	Owl separation systems, Portsmouth
Electrophoresis Power Supply E815 + E835	Consort, Tumhout (Belgien)
Electrophoresis Power Supply 1000/500	Bio-Rad, München
Electrophoresis Power Supply 200/2.0	Bio-Rad, München
Electrophoresis Power Supply ST504	Invitrogen, Karlsruhe
Electrophoresis Power Supply LKB-ECPS 3000/150	Amersham Bioscience Europe, Buckinghamshire (UK)
Elektrophorese-Kammer P9DS Emperor Penguin	Owl separation systems, Portsmouth (UK)
ELISA-Reader SPECTRA MAX340	MWG Biotech, Ebersberg
Eppendorf Kühlzentrifuge 5402	Eppendorf, Hamburg
Eppendorf Thermostat 5320	Eppendorf, Hamburg
Experion	Bio-Rad, München
Feinwaage Sartorius Research R200D	Sartorius, Göttingen
Filmkassette BAS cassette	Fujifilm, Midwest (USA)
Filmkassette Biomax Cassette Eastman	Kodak Co, Rochester (USA)

Geltrockner Model 583 (vakuum)	Bio-Rad, München
Heizblock HBT 130	HLC, Göttingen
Horizontalschüttler	Heidolph, Schwabach
Ika-Vibrax-VXR	IKA-Labortechnik, Staufen
Kühlzentrifuge J2-21 M/E mit Rotor JA-20	Beckmann, München
Leica DMR-Fluoreszenzmikroskop mit Digitalkamera (INTAS)	Leica, Wetzlar
Leitz Fluovert Mikroskop	Leitz, Wetzlar
Magnetrührer MR2002 und MR3001 (beheizbar)	Heidolph, Schwabach
Mikroliter-Spritze	Hamilton, Bonaduz (Schweiz)
Mikrowellengerät Privileg 7533P	Quelle, Fürth
Milli-Q Water System	Millipore, Eschborn
Multifuge 3L-R (Kühlzentrifuge)	Heraeus, Hanau
NanoDrop ND-1000	PeqLab, Erlangen
Neubauer-Zählkammer	Marienfeld GmbH, Lauda-Königshofen
PCR-Gerät Peltier Thermal Cycler PTC-200	Biozym Diagnostik, Hess. Oldendorf
Perfect BlueTM Doppelgel Elektrophorese System Twin L	Peqlab, Erlangen
Perfect BlueTM Gelsystem Mini S + L	Peqlab, Erlangen
Perfect BlueTM Semi Dry-Elektroblotter SedecTM	Peqlab, Erlangen
pH-Meter Inolab pH720	Inolab, Weilheim
Pipetten Research (1000; 200; 20)	Eppendorf, Hamburg
Pipetten Pipetman (P2; P10)	Gilson, Middleton (USA)
Phospho-Imager: Fuji-Raytest-Scanner + Eraser für Imaging Plates	Raytest, Staubenhardt
Photometer Ultrospec 3000	Pharmacia Biotech, Freiburg
Pipetboy Acu	Integra Biosciences, Zürich (Schweiz)
Orion L Microplate Luminometer	Berthold, Düsseldorf

Material und Methoden

Real time PCR-Maschine Mx3000P	Stratagene, Amsterdam (Niederlande)
Robocycler 96	Stratagene, Amsterdam (Niederlande)
Röntgenfilm Entwicklermaschine X-Omat 2000 Processor	Kodak, Rochester (USA)
Röntgenfilmkassetten	Rego, Augsburg
Scanner FLA 3000	Fujifilm, Midwest (USA)
Schüttelinkubator AJ112	Infors, Bottmingen (Schweiz)
SDS-PAGE Mini-ProteonII	Bio-Rad, München
Seal-Gerät ALPS 50V	Thermo Fischer Scientific, Hamburg
Sterilbank LaminAir HA2448	Heraeus, Hanau
Stickstoff Tank Chronos Biosafe Messer	Griesheim, Sulzbach
Thermostat 5320	Eppendorf, Hamburg
Trans-Blot SD Semi Dry Electrophoretic Transfer cell	Bio-Rad, München
Überkopfrotierer für 1,5 + 2ml Reaktionsgefäße	Heidolph, Schwabach
Universalwaage Scout Pro	Ohaus, Pine Brook (USA)
UV-Transilluminator + Videokamera, Monitor und Videoprinter Modell PG8E	IVP, San Gabriel (USA) Mitsubishi, (Japan)

3.1.2 Verbrauchsmaterialien

Immobilon P, PVDF-Membran (Polyvinylidendifluorid)	Millipore, Bedford (USA)
Kyroröhrchen 1 ml	Nunc, Wiesbaden
Parafilm Pechiney Plastic Packaging	Neenah (USA)
Pasteurpipetten	Hirschmann Laborgeräte, Eberstadt
Platten 96-*well*, PP, V96	Fisher Scientific, Hamburg
PCR-Tubes (0,2 ml)	Peqlab, Erlangen
Adhäsive PCR- Verschlussfolie,	Thermo Fisher Scientific, Hamburg
Petrischalen	Sarstedt, Nümbrecht
Pipettenspitzen 10 µl, 200 µl und 1000 µl	Sarstedt, Nümbrecht
Pipettenspitzen mit Filter 10 µl, 200 µl und 1000 µl	Sorenson BioScience, Salt Lake City (USA) und Starlab,
Polypropylen Reaktionsgefäße 15 ml + 50 ml	Greiner, Solingen

PP-Röhrchen 10 ml	und Sarstedt, Nümbrecht
	Sarstedt, Nümbrecht
Protran Nitrozellulose Transfer-Membran	Schleicher und Schuell, Dassel
Reaktionsgefäße 0,5 ml und 1+ 2 ml	Eppendorf, Hamburg
	und Sarstedt, Nümbrecht
Röntgenfilme: Fuji Film Super RX	Fuji, Düsseldorf
Skalpell	PfM AG, Köln
Steritop Express Plus-Filter (0,22 m)	Millipore, Bedford (USA)
Thermo Fast 96 PCR *Plate* (weiß)	Thermo Fisher Scientific, Hamburg
Whatman-Filterpapier	Schleicher und Schuell, Dassel
Zellkulturschalen 3 cm, 6 cm und 10 cm	Greiner, Nürtlingen
	und Sarstedt Nümbrecht
Zellkulturplatten 6-*well*, 12-*well*	Greiner, Nürtlingen
	und Sarstedt Nümbrecht
Zellschaber	Nunc, Wiesbaden

3.1.3 Chemikalien

Adenosintriphosphat (ATP)	Sigma-Aldrich, Steinheim
Agarose NEEO	Roth, Karlsruhe
Ammoniumpersulfat (APS)	GE Healthcare Bio-Sciences, München
Ammoniumsulfat	Merck, Darmstadt
Ampicillin	Serva, Heidelberg
Aqua ad iniectabilia (A. a. i.)	Braun, Melsungen
Bacto-Agar	Invitrogen, Karlsruhe
β-Mercapto-Ethanol	Sigma-Aldrich, Steinheim
Bovines Serumalbumin (BSA)	Sigma-Aldrich, Steinheim
Butanol	Merck, Darmstadt
Calciumchlorid (CaCl2)	Merck, Darmstadt
9-cis Retinsäure (9cisRA)	Axxora, Lörrach
Cycloheximid	Sigma-Aldrich, Steinheim
Dexamethason	Sigma-Aldrich, Steinheim
Dimethylsulfoxid (DMSO)	Applichem, Darmstadt
Dithiothreitol (DTT)	Sigma-Aldrich, Steinheim

Essigsäure (CH3COOH)	Merck, Darmstadt
Ethanol absolut (EtOH)	Riedel-de Haën, Seelze
Ethidiumbromid	Roth, Karlsruhe
Ethylendiamin Tetraacetat (EDTA)	Gerbu, Gaiberg
Ethylenglycol-bis (2-amino-ethylether) Tetraacetat (EGTA)	Sigma-Aldrich, Steinheim
Formaldehyd ~37%	Merck, Darmstadt
Gamma- P32 ATP	Hartmann Analytic, Braunschweig
Glycin	Roth, Karlsruhe
Glycerin ~87%	Merck, Darmstadt
Glycylglycin	Sigma-Aldrich, Steinheim
GSK0660	Sigma-Aldrich, Steinheim
GW501516	Axxora, Lörrach
GW7647	Axxora, Lörrach
GW1929	Axxora, Lörrach
Hefeextrakt	Roth, Karlsruhe
Hepes	Gerbu, Gaiberg
Hoechst 33258	Invitrogen, Karlsruhe
Isopropanol	Merck, Darmstadt
Kaliumhydroxid (KOH)	Merck, Darmstadt
Kaliumchlorid (KCl)	Roth, Karlsruhe
Kaliumdihydrogenphosphat (KH2PO4)	Merck, Darmstadt
Kanamycinsulfat	Roth, Karlsruhe
L165,041	Calbiochem (Merck), Darmstadt
LY294002	Merck, Darmstadt
D-Luziferin Natriumsalz	Synchem OHG, Kassel
Magnesiumchlorid (MgCl2)	Sigma-Aldrich, Steinheim
Magnesiumsulfat (MgSO4)	Sigma-Aldrich, Steinheim
Methanol (MetOH)	Merck, Darmstadt
Milchpulver, blotting grade	Roth, Karlsruhe

Mowiol 4-88 (Polyvinylalkohol)	Calbiochem (Merck), Darmstadt
Natriumacetat (CH3COONa)	Merck, Darmstadt
Natriumcarbonat (Na2CO3)	Riedel-de Haën, Seelze
Natriumchlorid (NaCl)	Roth, Karlsruhe
Natriumdeoxycholat	Sigma-Aldrich, Steinheim
Natriumdodecylsulfat (SDS)	Serva, Heidelberg
Natriumhydroxid (NaOH)	Merck, Darmstadt
Natriumthiosulfat-Pentahydrat (Na2S2O3·5 H2O)	Merck, Darmstadt
Natriumphosphat dibasisch Dihydrat (Na2HPO4 · 2 H2O)	Sigma-Aldrich, Steinheim
Natriumhydrogencarbonat (NaHCO3)	Merck, Darmstadt
N-Ethylmaleimid (NEM)	Sigma-Aldrich, Steinheim
Nonidet P-40	Sigma-Aldrich, Steinheim
Orange G	Sigma-Aldrich, Steinheim
Pepton aus Casein	Roth, Karlsruhe
PD98059	New England Biolabs, Frankfurt/Main
PolydIdC	Sigma- Aldrich, Steinheim
Polyethylenglycol 4000 (PEG)	Roche Diagnostics, Mannheim
Polyethylenimin-Lösung (PEI), hochmolekular	Sigma-Aldrich, Steinheim
Ponceau S Lösung	Sigma-Aldrich, Steinheim
Proteinase Inhibitor Cocktail Complete Mini-Tabletten (PIC)	Roche Diagnostics, Mannheim
Rotiphorese® Gel 30	Roth, Karlsruhe
Salzsäure (HCl)	Merck, Darmstadt
Schwefelsäure (H2SO4)	Merck, Darmstadt
SB203580	Fisher Scientific, Hamburg
SB421543	Sigma-Aldrich, Steinheim
SP600125	Biomol, Hamburg
ST247	Pharmazie, Universität Marburg, AG Diederich
12-O-tetradecanoylphorbol-13-acetat (TPA)	Sigma-Aldrich, Steinheim
Tetramethylethylethylendiamin (TEMED)	Sigma-Aldrich, Steinheim

Transforming growth factor- ß2 (TGFß 2)	Sigma-Aldrich, Steinheim
Trishydroxymehtylaminomethan (Tris Base)	Acros Organics (Belgien)
Tween 20 (Polysorbat 20)	Merck, Darmstadt
Triton X-100	Sigma-Aldrich, Steinheim
Wasserstoffperoxid (H_2O_2)	Merck, Darmstadt
VP080	Pharmazie, Universität Marburg, AG Diederich
Y-27632	Merck, Darmstadt
Zitronensäure Monohydrat	Sigma-Aldrich, Steinheim

3.1.4 Puffer und Lösungen

3.1.4.1   Allgemeine Puffer und Lösungen:

A.a.i. „Aqua ad iniectabilia"	Braun, Melsungen	
H_2O	Milli-Q gereinigt und autoklaviert	
PBS „Phosphate buffered saline"	Na_2HPO_4	6.5 mM
	KH_2PO_4	1.5 mM
	KCl	2.5 mM
	NaCl	140 mM
	pH 7.2; autoklaviert	
TE-Puffer (Tris/EDTA)	Tris-HCl	10 mM
	EDTA	1 mM
	autoklaviert, pH 7	

3.1.4.2   Spezielle Puffer und Lösungen:

Agarose Gelelektrophorese

Agarosegellösung	0,5 - 2 % Agarose (w / v) in 1 x TAE + 0,5 µg / ml Ethidiumbromidlösung

Material und Methoden

(1-%ig)

50 x TAE Laufpuffer	Tris Base	2 M
	Essigsäure	250 mM
	EDTA	50 mM
	autoklaviert, pH 8,0	

„O'Gene Ruler" 1kb-DNA-Marker   Fermentas, St. Leon-Rot

„6x Orange Loading Dye"   Fermentas, St. Leon-Rot

Luziferaseassay

LAB („*Luciferase Assay Buffer*")
   25 ml 0,1 M Glycylglycin pH 7,8
   (mit 4 M KOH eingestellt)
   15 ml 0,1 M KH_2PO_4, pH 7,8
   (mit 4 M KOH eingestellt)
   1,5 ml 1 M $MgSO_4$
   1,6 ml 0,25 M EGTA, pH 8,0
   2 ml 0,1 M ATP
   54,9 ml H_2O

TGG („*Lysis Buffer*")
   25 ml 0,1 M Glycylglycin pH 7,8
   (mit 4 M KOH eingestellt)
   10 ml 10 % Triton-X-100
   1,5 ml 1 M $MgSO_4$
   1,6 ml 0,25 M EGTA, pH 8,0
   61,9 ml H_2O

Luziferinlösung
(100µl je Probe)
   20 µl Luziferinstammlösung
   25 µl 0,1 M Glycylglycin pH 7,8
   (mit 4 M KOH eingestellt)
   55 µl H2O

Die fertig angesetzten Puffer (LAB, TGG) wurden bei 4 °C gelagert und vor Gebrauch auf RT erwärmt und mit DTT versetzt (Endkonzentration 1 mM).

Dual-Well-System (pjk GmbH, Kleinblittersdorf):

Beetle-Juice   enthält ATP und D-Luziferin

Renilla-Juice   vor Gebrauch wurde das Substrat

Coelenterazine (CTZ) 1:50 hinzugefügt

PEI- Transfektion

PEI-Transfektionslösung

450 µl 10-%ige PEI Stammlösung
ad H_2O 50 ml
pH 7 mit 2 N HCl (ca. 150 l)
steril filtriert

SDS-Polyacrylamidgelelektrophorese (SDS-PAGE)

5 x SDS-Laufpuffer

500 mM Tris
1,92 M Glycin
0,5 % SDS

5 x SDS-Probenpuffer

50 mM Tris-HCl, pH6,8
10 % Glycin
1 % SDS
50 mM DTT
0,01 % (w / v) Bromphenolblau

Sammelgellösung

4 % Acrylamid/Bisacrylamid-Lösung
188 mM Tris-HCl, pH 6,8
Diese Lösung wurde steril filtriert und entgast.
Kurz vor Gebrauch hinzugefügt:
0,1 % SDS
0,1 % APS
0,01 % TEMED

Trenngellösung

10 - 15 % Acrylamid/Bisacrylamid-Lösung
188 mM Tris-HCl, pH 8,8
Diese Lösung wurde steril filtriert und entgast.
Kurz vor Gebrauch hinzugefügt:
0,1 % SDS
0,1 % APS
0,01 % TEMED

Western Blot

10 x Blot Puffer Semi-Dry (PVDF)	250 mM Tris
	1,5 M Glycin
1 x Blot Puffer Semi-Dry (PVDF)	100 ml 10 x Blot Puffer Semi-Dry (PVDF)
	100 ml Methanol
	ad H_2O 1L
1x Blot Transfer-Puffer Semi-Dry 2 (Nitrocellulose)	5 mM Tris
	192 mM Glycin
	20 % Methanol
Entwicklerlösung	Millipore, Eschborn
Page Ruler „Prestained Protein Ladder"	Fermentas, St.Leon-Rot
Page Ruler „Unstained Protein Ladder"	Fermentas, St.Leon-Rot

Electrophoretic mobility shift assay (EMSA)

100x RA-Puffer	0,67 M Tris-HCl, pH 7,9
	0,33 M Natriumacetat
	0,1 M EDTA
native Polyacrylamid-Gellösung	4 % Acrylamid/Bisacrylamid-Lösung (80%(w/v)/ 1%(w/v))
	1x RA-Puffer
	2,5 % Glyzerin
	Kurz vor Gebrauch hinzugfügt:
	0,1 % APS
	0,01 % TEMED
EMSA-Bindungspuffer	20 mM Tris-HCl
	50 mM NaCl
	1 mM $MgCl_2$
	10 % Glyzerin
	3 mM DTT
	0,2 mM PMSF
	20 µM Zn^{2+}

Bakterienkultur

LB- Medium	Pepton	1% (w/v)
„Luria Broth"- Medium	Hefeextrakt	0.5 % (w/v)
	NaCl	1 %
	pH 7.5 (mit 1 N NaOH eingestellt)	

LB- Agar	LB-Medium mit	
	Bacto-Agar	1 % (w/v)
	pH 7.5 (mit 1 N NaOH eingestellt)	

Selektionsantibiotika	Ampicillin (1000x) 100 mg / ml in H_2O
	Kanamycin (1000x) 30 mg / ml in H_2O

Zellkultur

DMEM mit L-Glutamin	PAA, Cölbe
Opti-MEM Serum reduziertes Medium mit GlutaMax	Invitrogen, Karlsruhe
Fetales Kälberserum (FCS)	PAA, Cölbe
Mycokill 50x	PAA, Cölbe
Penicillin/Streptomycin (100x) (Penicillin 10.000 U / ml; Streptomycin 10 mg / ml)	PAA, Cölbe
Trypsin/EDTA	PAA, Cölbe

Routinemäßig wurden die Zellkulturmedien mit 10% (v/v) FCS, 1% (v/v) L- Glutamin und 1% (v/v) Penicillin/Streptomycin versetzt, besondere Bedingungen sind im Text erwähnt.

3.1.5 Kits

ABsolute QPCR *SYBR* Green Mix (2 x)	Thermo Fischer Scientific, Hamburg
Agilent Quick Amp Labeling Kit	Agilent, Böblingen
ImmoMix Red/White (2 x)	Bioline, Luckenwalde
NucleoBond Xtra Midi	Macherey&Nagel, Düren

NucleoSpin Extract II	Macherey&Nagel, Düren
(„Gel Extraction + DNA clean up")	
NucleoSpin RNA II	Macherey&Nagel, Düren
Omniscript RT Kit	Qiagen, Hilden
TNT T7 Quick Coupled Transcription/Translation system	Promega, Mannheim
TOPO TA Cloning Kit (pCR2.1-TOPOVector)	Invitrogen, Karlsruhe
Qiaquick Nucleotide Removal Kit	Qiagen, Hilden

Die Anwendung der aufgelisteten Systeme fand, falls nicht besonders vermerkt, nach den angegebenen Herstellerdaten statt.

3.1.6 Primer und Oligonukleotide

qPCR-Primer

Die in der RT-PCR und in der quantitativen Real-Time-PCR verwendeten Primersequenzen wurden zunächst mit Hilfe von Internetdatenbanken (siehe Datenbanken) gesucht. Falls keine Sequenzen vorlagen, wurden sie unter Verwendung der Software APE (Wayne Davis) erstellt. Hierbei war es besonders wichtig, dass das jeweilige PCR-Produkt über einer Exon-Exon-Grenze lag und eine Größe von 300 Basenpaaren nicht überschritt.

Die Synthese und Reinigung (HPLC) der Oligonukleotide wurden von Sigma-Aldrich, Steinheim durchgeführt. Die Oligonukleotide wurden lyophilisiert geliefert und dann entsprechend der Herstellerangaben in A. a. i. gelöst. Die 100 µM Lösungen wurden bis zu ihrer Verwendung bei -20°C gelagert.

Genname	Primername	Sequenz 5'-3' Orientierung
PPARA	P407_L1033	AAAAGCCTAAGGAAACCGTTCTG
	P408_R1258	TATCGTCCGGGTGGTTGCT
PPARD	P389_L1052	TCATTGCGGCCATCATTCTGTGTG
	P390_R1272	TTCGGTCTTCTTGATCCGCTGCAT
PPARG	P409_L1209	TGCACTGGAATTAGATGACAGC
	P410_R1427	TCCGTGACAATCTGTCTGAGG
CPT1A	hCPT1a_for	ACAGTCGGTGAGGCCTCTTATGAA
	hCPT1a_rev	CTTGCTGCCTGAATGTGAGTTGG
ADRP	hADRP_for	TGTGAGATGGCAGAGAACGGT
	hADRP_rev	CTGCTCACGAGCTGCATCATC
ANGPTL4	hFIAF_qfor	GATGGCTCAGTGGACTTCAACC
	hFIAF_qrev	CCCGTGATGCTATGCACCTTC
SLC25A20	hSLC25A20_qfor	GTTATCTGGCGTATTCACCACA
	hSLC25A20_qrev	GTCCAGTGTACTTGCTTTCTCC
LEO1	hLEO1cDNAfw1	GCGAAGCTGAGCGTAAAGAT
	hLEO1cDNArv1	ACTTTCACTTCCAGAGGCATTACT
DIAPH1	hDIAPH1cDNAfw1	TGAATATGATGACCTGGCTGA
	hDIAPH1cDNArv1	GCTTGAAGAGAATGGCATTGA
SMAD2	hSMAD2_qfor	AAAGGGTGGGGAGCAGAATA
	hSMAD2_qrev	GAAGTTCAATCCAGCAAGGAGT
SMAD3	hSMAD3_qfor	GAACGTCAACACCAAGTGCAT
	hSMAD3_qrev	ACGCAGACCTCGTCCTTCT
SMAD4	hSMAD4_qfor	CCAGGATCAGTAGGTGGAAT
	hSMAD4_qrev	GTCTAAAGGTTGTGGGTCTG
PAI1	hPAI_qfor	CAC AAA TCA GAC GGC AGC ACT
	hPAI_qrev	CAT CGG GCG TGG TGA ACT C

Genname	Primername	Sequenz 5'-3' Orientierung
PDGFA	hPDGFA_qfor	ACA CGA GCA GTG TCA AGT GC
	hPDGFA_qrev	ATT CCA CCT TGG CCA CCT
LIPG	hLIPG_qfor	TTCGCAAGTGTCGGGATG
	hLIPG_qrev	GTCCTCAGCAGTAACTTTCCTC
ABCA1	hABCA1_002_qfor	CCC TTC TTA TAC CCT AAG ATG AAG CTG
	hABCA1_002_qrev	CCC ATT ACA GAC AGC GTA AAG TGC
THBS1	hTHBS1_qfor	TCTCTGACCTGAAATACGAATGTAG
	hTHBS1_qrev	AAGGAAGCCAAGGAGAAGTG
CYP24A1	hCYP24A1_qfor	AACTCCCCATCGCGTTTT
	hCYP24A1_qrev	AGCAGTGAACCCTGTAGAATG

Humane qPCR- Primer

Genname	Primername	Sequenz 5'-3' Orientierung
Rpl27	mRib_L27qF	AAAGCCGTCATCGTGAAGAAC
	mRib_L27qR	GCTGTCACTTTCCGGGGATAG
Angptl4	mFiaf_qfor	CTCTGGGGTCTCCACCATTT
	mFiaf_qrev	TTGGGGATCTCCGAAGCCAT
Adrp	mAdrp_for	CACAAATTGCGGTTGCCAAT
	mAdrp_rev	ACTGGCAACAATCTCGGACGT
Id3	mId3_qfor	CTCTGGGGTCTCCACCATTT
	mId3_qrev	TTGGGGATCTCCGAAGCCAT

Murine qPCR- Primer

Klonierungsprimer

Die Auflistung der Klonierungsprimer ist bei den jeweiligen Klonierungsstrategien Kapitel 3.2.1.15/16 zu finden.

Material und Methoden

siRNA – dsOligonukleotide

Zielgen	siRNA	Zielsequenz 5'-3' Orientierung	Firma
PPARD	Hs_PPARD_2	CACAGACTGACGAAACTTTAA	Qiagen, Hilden
	Hs_PPARD_3	CAGTGATATCATTGAGCCTAA	
	Hs_PPARD_5	CAGCGGATCAAGAAGACCGAA	
	Hs_PPARD_6	CAGGTTACCCTTCTCAAGTAT	
SMAD2	SMAD2_2	GUCAUAAAGCUUCACCAAU	Sigma-Aldrich, Steinheim
	SMAD2_3	GAUUUACAGCCAGUUACUU	
	Hs_SMAD2_6_HP	CAGGTAATGTATCATGATCCA	Qiagen, Hilden
SMAD3	SMAD3_1	GAGUUCGCCUUCAAUAUGA	Sigma-Aldrich, Steinheim
	SMAD3_2	CAUGGACGCAGGUUCUCCA	
	Hs_SMAD3_3	AAGAGATTCGAATGACGGTAA	Qiagen, Hilden
SMAD4	SMAD4_1	GAGUAAUGCUCCAUCAAGU	Sigma-Aldrich, Steinheim
	SMAD4_3	GUGAUAGUGUCUGUGUGAA	
	Hs_SMAD4_6_HP	CTCCAGCTCCTAGACGAAGTA	Qiagen, Hilden
ETS1	D-003887-01	GAUAAAUCCUGUCAGUCUU	Dharmacon, Epsom (UK)
	D-003887-02	GGACCGUGCUGACCUCAAU	
	D-003887-03	GGAAUUACUCACUGAUAAA	
	D-003887-04	GCAUAGAGAGCUACGAUAG	
RUNX1	D-003926-01	GACAUCGGCAGAAACUAGA	Dharmacon, Epsom (UK)
	D-003926-02	CACCGCAAGUCGCCACCUA	
	D-003926-03	CAAAUUGAAAUGACGGUAU	
	D-003926-04	GGCGAUAGGUCUCACGCAA	
RUNX2	D-012665-01	CGGAAUGCCUCUGCUGUUA	Dharmacon, Epsom (UK)
	D-012665-02	GAAGCUUGAUGACUCUAAA	
	D-012665-03	GCAAUUAAAGUUACAHUAG	
	D-012665-04	GGACGAGGCAAGAGUUUCA	
RUNX3	D-012666-01	CCUUCAAGGUGGUGGCAUU	Dharmacon, Epsom (UK)
	D-012666-02	CCACCCAAGUGGCGACCUA	
	D-012666-03	CCUCGGAACUGAACCCAUU	

Material und Methoden

	D-012666-04	CCUCGGCCGUCAUGAAGAA	
All Stars	Neg. Kontrolle	AATTCTCCGAACGTGTCACGT	Qiagen, Hilden

Humane siRNAs

Alle kommerziellen siRNAs wurden lyophylisiert geliefert und dann entsprechend der Herstellerangaben in A. a. i. bzw. mitgeliefertem siRNA-Puffer (Qiagen, Hilden) gelöst. Die 20ng/µl bzw. 20 µM Lösungen wurden aliquotiert und bis zu ihrer Verwendung bei -80 °C gelagert.

EMSA – Oligonukleotide

Name	5'-3' *sense-* Orientierung
ANGPTL4-PPRE1	CAGGCCCGCCAAGTAGGAGAAAGTTCAGAGCTGGGAAGGC
ANGPTL4-PPRE2	GATGGGAGGAAAGTAGGGGAAAGGGGAGATGCCTGAGGGG
ANGPTL4-PPRE3	CCAGCCGGAAAAGTAGGGGAAAGGTCGAAATGAGTCTGCA

EMSA-Oligonukleotide

Die Oligonukleotide wurden lyophylisiert geliefert und dann entsprechend der Herstellerangaben in A. a. i. gelöst. Die 100 µM Lösungen wurden bis zu ihrer Verwendung bei -20°C gelagert.

3.1.7 Plasmide

Diverse

puc18	New England Biolabs, Frankfurt
pCR2.1 TOPO	Invitrogen, Karlsruhe
R-Luc	dankend erhalten von M. Lauth
pGL3-control	Promega, Mannheim
pGL3-basic	Promega, Mannheim
pGL3-TATAi	Institutseigenes Plasmid (Jerome and Müller, 1998)

Material und Methoden

Expressionsplasmide

pCDNA3.1/neo	Invitrogen, Karlsruhe
pCMX-*empty*	dankend erhalten von T. Fauti
pCMX-mPparb	dankend erhalten von R.M. Evans
pcDNA-hPPARb	dankend erhalten von T. Fauti
pSG5-hRxR	dankend erhalten von A. Baniahmad
pcDNA-Flag-SMAD2	dankend erhalten von V. Ellenrieder
pcDNA-Flag-SMAD3	dankend erhalten von V. Ellenrieder
pcDNA- SMAD4	dankend erhalten von V. Ellenrieder

Eigene Klonierungen

ANGPTL4- PPAR-Enhancer

ANGPTL4(+2914/+4093)
ANGPTL4-PPRE1
ANGPTL4-PPRE2
ANGPTL4-PPRE3

ANGPTL4-TGFβ-Enhancer

ANGPTL4 (-9000/-8000)
ANGPTL4(-8607/-8133)
ANGPTL4(-8607/-8170)
ANGPTL4(-8467/-8133)
ANGPTL4(-8467/-8170)
ANGPTL4(-8401/-8170)
ANGPTL4(-8286/-8170)
ANGPTL4(-8401/-8170)-mutAP1
ANGPTL4(-8401/-8170)-mutEBS
ANGPTL4(-8401/-8170)-mutRBE
ANGPTL4(-8401/-8170)-mutSP
ANGPTL4(-8401/-8170)-mutSBE1
ANGPTL4(-8401/-8170)-mutSBE2
ANGPTL4(-8401/-8170)-mutSBE3

ANGPTL4-TGFβ-Enhancer-PPAR-Enhancer

ANGPTL4(-9000/-8000)(+2914/+4093)

3.1.8 Enzyme

Alkalische Phosphatase aus Kälberdarm (CIP = „*Calf Intestinal Phosphatase*") (1 U / µl)	Fermentas, St. Leon-Rot
Pfu- DNA- Polymerase (2,5 U / µl)	Fermentas, St. Leon-Rot
Prime RNase Inhibitor (30 U / µl)	Eppendorf, Hamburg
Restriktionsendonukleasen	Invitrogen, Karlsruhe
	Fermentas, St. Leon-Rot
	New England Biolabs, Frankfurt
T4 DNA-Ligase (1 U / µl)	Fermentas, St. Leon-Rot
T4- Polynukleotid-Kinase	Qiagen, Hilden

3.1.9 Antikörper

SMAD3	Santa Cruz, Heidelberg
SMAD4 (B8, H522)	Santa Cruz, Heidelberg
PPARβ/δ (sc-7197)	Santa Cruz, Heidelberg
Goat-anti-Rabbit	Dianova, Hamburg
Goat-anti-Mouse	Dianova, Hamburg

3.1.10 Computerprogramme und Datenbanken

Auswertungsprogramme

ApE (A Plasmid Editor)	Wayne Davis
Analyse Software NanoDrop 3.01	Peqlab, Erlangen
Analyse Software Phosphorimager: „*Image Gauge 3.01*"	Fuji, Düsseldorf
Microsoft Office 2003 (Excel, PowerPoint, Word)	Microsoft, Unterschleißheim
Mx3000P Betriebs- und Analyse Software Version 3.20	Stratagene, Amsterdam (Niederlande)
GraphPad Prism 5	GraphPad Software, La Jolla (USA)

Genom- und Protein-Datenbanken

Ensembl Genom Datenbank Projekt	http://www.ensembl.org/
„National Center for Biotechnology Information"	http://www.ncbi.nlm.nih.gov/
UCSC Genome Bioinformatics Site	http://genome.ucsc.edu/index.html?org=Human

PCR und qPCR Primerdesign

Integrated DNA Technologies (Schmidt et al.)	http://www.idtdna.com/SciTools/SciTools.aspx
Primer Bank (qPCR Primer Database)	http://pga.mgh.harvard.edu/primerbank/index.html
Quantitativ PCR Primer Database (QPPD)	http://lpgws.nci.nih.gov/cgi bin/PrimerViewer
Universal Probe Library	http://www.roche-applied-science.com/sis/rtpcr/upl/acenter.jsp?id=030000

3.2 Methoden

3.2.1 Biochemische und molekularbiologische Methoden

3.2.1.1 Der Umgang mit Bakterien: Kultivierung, Herstellung und Transformation kompetenter Bakterien

Für die nachfolgenden Methoden wurde der Bakterienstamm E. Coli XL1Blue mit dem Genotyp: recA1 endA1 gyrA96 thi-1 hsdR17 supE44 relA1 lac [F' proAB lac f'ZΔM15 Tn10(ter^r)] benutzt.

Kultivierung von Bakterien

Die Kultivierung der Bakterien fand mittels Luria-Broth Medium (Zusammensetzung siehe 3.1.3.3) und sterilen Glas- und Plastikgefäßen bei 37°C statt.

Herstellung kompetenter Bakterien

Kompetente Bakterien zeichnen sich durch die Fähigkeit aus, unter bestimmten Bedingungen spontan Fremd-DNA aufnehmen zu können (Transformation). Um diesen Zustand zu erreichen, wurde die klassische Calciumchlorid- Methode angewendet:
10 ml LB-Medium wurden mit einer Einzelkolonie Bakterien angeimpft und bei 37°C über Nacht im Schüttelinkubator angezüchtet. 5 ml dieser Kultur wurden nach Überführung in einen 2 l Erlenmeyerkolben mit 500 ml LB- Medium bis zu einer OD600 (optische Dichte bei 600 nm) von maximal 0,4 wachsen gelassen (ebenfalls bei 37°C im Schüttelinkubator). Bei diesem Wert befinden sich die Bakterien in der logarithmischen Wachstumsphase, wobei höhere ODs zu einer geringeren Kompetenz führen. Nach der Abkühlung auf Eis wurde die Kultur für 15 Minuten bei 3000 UpM und 4°C zentrifugiert. Das Pellet wurde im Anschluss in 200 ml eiskalter 0,1 M Calciumchlorid-Lösung resuspendiert und für eine halbe Stunde auf Eis inkubiert. Nach einem weiteren Zentrifugationsschritt wurden die Bakterien in 20 ml eiskalter 0,1 M Caliumchlorid-Lösung aufgenommen und nach Zugabe von Glycerin (Endkonzentration 20%) in 500 µl Aliquots bei – 80°C gelagert.

Transformation kompetenter Bakterien

Für die Einschleusung von Fremd-DNA wurden zunächst Aliquots kompetenter E. Coli XL1Blue Bakterien auf Eis aufgetaut. Die zu transformierende DNA (0,5-1 µg Plasmid-DNA bzw. 10 µl eines Ligationsansatzes) wurde zunächst zu 150 µl dieser Aliquots gegeben, danach erfolgte eine 30-minütige Inkubation auf Eis. Anschließend wurden die Bakterien für 90 Sekunden einem Hitzeschock von 42°C ausgesetzt, dann auf Eis abgekühlt und mit 1 ml LB-Medium versetzt, in welchem sie für 45 min bei 37°C im Inkubator geschüttelt wurden.
Zur Selektion der transformierten Bakterien wurde diese Kultur entweder in 100 ml antibiotikahaltigem LB-Medium überführt oder 100 µl der Kultur wurden auf einer antibiotikahaltigen Agarplatte ausgestrichen und über Nacht bei 37°C inkubiert (Ampicillin-Endkonzentration: 100 µg/ml).

Material und Methoden

3.2.1.2 Plasmidisolierung im kleinen und großen Maßstab

Plasmidisolierung im kleinen Maßstab: Mini-Präparation

Um eine Vielzahl von Subkolonien nach einer Transformation auf eine erfolgreiche Integration von Fremd-DNA zu überprüfen, empfiehlt sich die Isolierung von geringen Mengen Plasmid-DNA. Hierzu wurde folgende Methode, die auf dem Prinzip der alkalischen Lyse beruht, angewendet:

Die nach einer Transformation gebildeten Klone auf einer Agarplatte wurden je in 5 ml antibiotikahaltigem LB-Medium überführt und über Nacht bei 37°C im Schüttelinkubator kultiviert. Das Pellet der Bakterienkultur wurde mit Hilfe der Puffer RES, LYS und NEU des „Nucleobond Xtra Midi" Kits (Macherey- Nagel, Düren) aufgereinigt. Durch Resuspension mit 400 µl kaltem Puffer RES (enthält RNase für RNA- Verdau), Zugabe von 400 µl Puffer LYS (enthält NaOH) und mehrmaliges Invertieren sowie 5-minütiger Inkubation bei RT wurden die Bakterien lysiert. Der stark alkalische pH-Wert führt zur Denaturierung der DNA. Anschließend wurde das Lysat durch Versetzen mit 400 µl kaltem Puffer NEU (enthält Kaliumacetat und SDS) neutralisiert. Dieser Schritt fördert zum einen die rasche Hybridisierung der Plasmid-DNA, während die chromosomale Bakterien-DNA einzelsträngig bleibt, zum anderen werden sämtliche Proteine durch das enthaltene SDS gefällt. Es folgte eine Inkubation für 5 min auf Eis und eine Zentrifugation für 10 min bei 13 000 UpM, so dass denaturierte Proteine, die chromosomale DNA und Zelltrümmer von der Plasmid-DNA getrennt wurden.

Zur Präzipitation der Plasmid-DNA wurde 1 mL des Überstands in ein frisches 2 ml Reaktionsgefäß überführt, mit 700 µl Isopropanol versetzt und für 10 min bei 13 000 UpM zentrifugiert. Durch das Versetzen mit 1 ml 70%igem Ethanol und weiterer Zentrifugation (10 min, 13 000 UpM) wurde das Pellet gewaschen und anschließend an der Luft getrocknet und dann in 40 µl sterilem A.a.i.- Wasser gelöst. Die Lagerung fand bis zur Verwendung bei – 20°C statt.

Für das nachfolgende Überprüfen der Klone kam es zum Einsatz von 5- 10 µl der DNA-Präparation in den Restriktionsverdau.

Material und Methoden

Plasmidisolierung im großen Maßstab: Midi-Präparation

Für Transfektionen, Klonierungen oder Sequenzierungen wurden größere Mengen an Plasmid-DNA mit höherem Reinheitsgrad benötigt. Dafür wurde das Reaktionskit „Nucleobond Xtra Midi" (Macherey-Nagel, Düren), welches ebenfalls auf dem Prinzip der alkalischen Lyse beruht, benutzt. Anders als bei der Mini-Präparation wurde hier zusätzlich die Säulenchromatographie eingesetzt.
100 ml einer Übernachtkultur (siehe Kapitel 3.2.1.1.) wurden für 15 min bei 4°C und 3000 UpM pelletiert und weiter nach den Herstellerangaben behandelt. Es wurden pro 100 ml Übernacht-Kultur zwei Säulen verwendet. Die von einer Säule eluierte DNA wurde mit 100- 200 µl sterilem A.a.i.-Wasser gelöst.

3.2.1.3   RNA-Isolierung aus Zellkulturen

Die besondere Gefahr beim Arbeiten mit RNA bzw. bei der Isolierung von RNA gleich welcher Herkunft liegt in ihrer sehr schnellen Degradation durch RNasen. Daher ist es dabei besonders wichtig semisteril zu arbeiten.
Für die Isolierung von RNA aus Zellen wurde das „NucleoSpin RNA II" Kit der Firma Macherey-Nagel, Düren verwendet. Die Durchführung fand nach den Angaben des Herstellers statt. Das Volumen des Lysepuffers RA1 variierte je nach Zellmenge zwischen 200 und 350 µl. Nachdem die RNA in mehreren Schritten über Säulenchromatographie aufgereinigt wurde, erfolgte die Elution in 2 x 40 µl RNase- freiem Wasser. Die gewonnene RNA wurde bis zum weiteren Gebrauch bei – 80°C gelagert. Die Qualität der RNA wurde mithilfe des Experions der Firma Bio-Rad, München überprüft.

3.2.1.4   Konzentrationsbestimmung von Nukleinsäuren

Nukleinsäuren absorbieren Licht aufgrund ihrer heterozyklischen Basen bei einer Wellenlänge von 260 nm. Diese Eigenschaft nutzt man sich bei der photometrischen Quantifizierung von Nukleinsäuren. Eine optische Dichte (OD) von 1 entspricht dabei dem Gehalt von ca. 40 µg / ml RNA bzw. 50 µg / ml doppelsträngiger-DNA (dsDNA).Zur Bestimmung der Reinheit der Nukleinsäureprobe wird zusätzlich die OD bei 280 nm gemessen. Bei dieser Wellenlänge absorbieren Phenol und Proteine das UV-Licht. Der Quotient von OD260/OD280 ergibt somit ein Maß für die Reinheit der Probe und sollte zwischen 1,8 und 2,1 liegen. Die Konzentrationsbestimmung von DNA- und RNA- haltigen Proben erfolgte durch Messung der Absorption von 1 µl unverdünnter Probe am NanoDrop (Peqlab, Erlangen). Die Konzentration konnte direkt aus der Software (NanoDrop 3.01) abgelesen werden, die diese nach folgender Formel berechnet:

$$Konz.\ RNA\ [ng/\mu l] = OD260\ x\ 40\ ng/\mu l$$
$$Konz.\ dsDNA\ [ng/\mu l] = OD260\ x\ 50\ ng/\mu l$$

3.2.1.5 Restriktionsverdau von Plasmid-DNA

Der Restriktionsverdau ist bei Klonierungen oder Analysen von Plasmiden eine grundlegende Methode. Hierbei kommt es zur gezielten Hydrolyse von Phosphodiesterbindungen in spezifischen Bereichen der DNA-Sequenz durch Restriktionsedonukleasen. Diese Enzyme wurden von den Firmen Invitrogen (Karlsruhe), Fermentas (St. Leon-Rot) und New England Biolabs (Schwalbach) bezogen. Die benötigte Enzymmenge (U) pro µg Plasmid wurde mit der folgenden Formel berechnet:

<u>Größe λ DNA (37kb) *Anzahl der Schnittstellen des entsprechenden Enzyms im Plasmid</u>
Größe des Plasmids (kb) * Anzahl der Schnittstellen des Enzyms im λ -Genom

Dabei wurden die Angaben über die Anzahl der entsprechenden Schnittstellen im λ - Genom dem Katalog von Invitrogen entnommen.
Die Reaktionszeit betrug 2 h bei der vom Hersteller empfohlenen Temperatur, das Reaktionsvolumen umfasste 50 µl. Es wurde der jeweilige Puffer für jedes Enzym nach Herstellerangaben benutzt. Die eingesetzte DNA-Menge variierte je nach Anspruch zwischen 0,5 µg für analytische und bis zu 10 µg für präparative Maßstäbe.

3.2.1.6 DNA-Analyse durch Agarose-Gelelektrophorese

Die Agarose-Gelelektrophorese stellt eine klassische Methode dar, um DNA-Fragmente von 0,1 bis 25 kb Länge voneinander zu trennen und zu identifizieren. Dies ist besonders bei der Analyse von PCR-Reaktionen, restriktionsverdauten Plasmiden und bei der präparativen Isolierung definierter DNA- Moleküle wichtig. Das Prinzip beruht auf der differenziellen Wanderung von unterschiedlich langen negativ geladenen DNA-

Fragmenten im elektrischen Feld. Hierbei dient die Agarose als Sieb. Zur Auftrennung wurden horizontale TAE-Agarosegele mit 0,5 µg/ ml Ethidiumbromid verwendet. Üblicherweise wurden Gelkonzentrationen von 1 % (w/ v) benutzt, für kleinere Fragmente (>200 bp) wurden jedoch Gele mit höheren Konzentration (2% (w/v) verwendet. Die DNA-Proben wurden vor dem Auftragen mit einem Fünftel Volumen Probenpuffer versetzt. Als Laufpuffer diente 1x TAE, die angelegte Spannung variierte zwischen 50 V und 120 V. Für die spätere Bestimmung der Fragmentlängen wurde stets ein Größenmarker (1 kb-DNA-Leiter, Fermentas, St. Leon-Rot) mit aufgetragen. Nach beliebiger Laufdauer wurde das Gel abschließend unter UV-Licht analysiert. Das im Gel enthaltene Ethidiumbromid interkaliert in die DNA, welche somit detektiert werden kann. Die Dokumentation erfolgte über eine Video- und Printanlage (Intas, Göttingen).

3.2.1.7   DNA-Elution aus Agarose-Gelen

Durch Benutzung des Gelextraktionskits „NucleoSpin Extract II" (Macherey-Nagel, Düren) konnten DNA-Fragmente aus den Agarose-Gelen isoliert werden. Die Anwendung erfolgte gemäß den Angaben des Herstellers.

3.2.1.8   Ligation von DNA-Fragmenten

Neben dem Restriktionsverdau ist die Ligation ein wesentlicher Bestandteil der Klonierung. Hierbei handelt es sich um die Verknüpfung von Phosphodiester-Bindungen zwischen kompatiblen kohäsiven oder glatten Enden der DNA.
Zur Herstellung rekombinanter Plasmide wurden DNA-Fragmente durch das Enzym T4-DNA-Ligase (Fermentas, St. Leon-Rot) mit Vektor-DNA kovalent verbunden. Dabei wurde darauf geachtet, dass eine deutlich größere Menge an DNA-Fragment eingesetzt wurde als Vektor-DNA.

3.2.1.9   DNA-Sequenzierung

Um unerwünschte Mutationen durch PCRs bei der Klonierung auszuschließen, wurden DNA-Sequenzierungen von der Firma Agowa, Berlin durchgeführt.
Es wurden entweder eigene Primer mitgesendet oder die von Agowa aufgeführten Oligonukleotide benutzt.

3.2.1.10   PCR

Die Polymerase- Ketten- Reaktion (engl. polymerase chain reaction, PCR) dient der *in-vitro*-Amplifizierung einer spezifischen Sequenz eines DNA- Doppelstrangs.

Dabei ist das Prinzip die exponentielle Vermehrung eines Nukleinsäurebereichs mittels thermostabiler DNA- Polymerase. Bei Vorhandensein von zwei kurzen doppelsträngigen Oligonukleotidprimern, entsprechendem Puffer und Desoxynukleosidtriphosphaten können diese aus einem DNA-Einzelstrang einen DNA-Doppelstrang synthetisieren.

Folgende Schritte umfassten das PCR- Profil:

Denaturierung	95°C	7 min	
Denaturierung	95°C	30 s	
Hybridisierung	52°C-60°C	30 s	24 – 35 Zyklen
Elongation	72°C	1 min/ 1kb	
Elongation	72°C	5 min	

Die Hybridisierungs- bzw. Annealing-Temperatur wurde in Abhängigkeit von der Schmelztemperatur der verwendeten Oligonukleotide gewählt und in einer Gradienten-Test-PCR bestätigt.

Die Amplifikation wurde mithilfe des ImmoMix der Firma Bioline, Luckenwalde im programmierbaren Robocycler 96 (Stratagene, Amsterdam/ Niederlande) durchgeführt.

In 0,2 ml Reaktionsgefäßen wurden 25 µl Gesamtansatz, bestehend aus 12,5 µl 2 x ImmoMix (Bioline, Luckenwalde), je 25 µM der beiden Oligonukleotidprimer sowie Wasser (A. a. i.) vorbereitet. Als DNA-Matrize dienten 1 - 2 µl Plasmid- oder cDNA. Die Analyse der amplifizierten PCR-Produkte erfolgte auf 0,5 - 2-%igen Agarosegelen.

3.2.1.11 cDNA-Synthese

Erststrang-cDNA Synthese und RT-PCR (Reverse Transkriptase-Polymerase-Ketten-Reaktion)

Die RT-PCR ist eine effektive Methode zum Nachweis der Transkription eines bestimmten Gens in Geweben oder Zellen. Diese Methode beinhaltet zwei wesentliche Schritte:
Zuerst wird aus der gesamten mRNA komplementäre DNA synthetisiert, die so erhaltene cDNA kann dann mittels PCR bzw. qPCR weiter charakterisiert werden.

Die Herstellung der cDNA erfolgte mit Hilfe des Omniscript cDNA Synthese Kits der Firma Qiagen nach Herstellerangaben. Dazu wurden gleiche Mengen RNA (0,1 bis 1 µg) in 20 µl Gesamtreaktionsansätzen bei 37 °C für 60 min inkubiert.

Reverse Transkription cDNA-Synthese-Mix:

End-Konz.	Reaktionskomponente	Gesamtansatz
1 x	10 x RT-Puffer (Omniscript Kit, Qiagen)	2 µl
1 µM	Oligo (dT)-Primer (Sigma- Aldrich, München)	2 µl
0,5 mM je dNTP	dNTP-Mix (Omniscript Kit, Qiagen)	2 µl
0,5 U / µl	RNase-Inhibitor (Eppendorf)	0,33 µl
0,2 U / µl	Reverse Transkriptase (Omniscript Kit, Qiagen)	1 µl
0,1 bis 1 µg	RNA	0,5 bis 1 µg
	A a. i.	ad 20 µl

Um Kontaminationen mit Fremd-DNA zu vermeiden, wurden die Ansätze stets mit gestopften Spitzen zusammenpipettiert.

3.2.1.12 Quantitative PCR

Quantitative Echtzeit-PCR (Real-Time-PCR)

Die Real-Time-PCR (qPCR) Methode besitzt wesentliche Vorteile für die Bestimmung von Expressionsniveaus bestimmter Gene:
Über die kontinuierliche Messung von Laser-induzierten Fluoreszenssignalen erlaubt diese Technologie eine quantitative Echtzeitanalyse. Die Ergebnisse sind direkt verfügbar, so dass der Einsatz der qPCR eine deutliche Zeitersparnis mit sich bringt. Da die Zunahme der Fluoreszenz und die Menge an neusynthetisierten PCR-Produkten über einen weiten Bereich proportional zueinander sind, kann aus den gewonnenen Fluoreszenzdaten die eingesetzte Ausgangsmenge der cDNA und somit mRNA bestimmt werden.
Der hier verwendete Fluoreszenzfarbstoff *SYBR Green* interkaliert unspezifisch in doppelsträngige DNA, was generell mit fortschreitender Reaktion zu einem Anstieg des Fluoreszenzsignals führt. Da dieser Anstieg auch durch unspezifische Produkte wie Primer- Dimere oder andere Nebenprodukte verursacht werden kann, ist die

abschließende Schmelzkurven- Analyse zwingend erforderlich. Hierbei werden die PCR-Produkte kontinuierlich über einen Temperaturgradienten aufgeheizt bis sie ihrem Schmelzpunkt entsprechend nur noch als Einzelstrang vorliegen. Die plötzliche Fluoreszenzabnahme wird aufgezeichnet und eine Analyse der PCR-Produkte kann vorgenommen werden. Kleinere Produkte wie z. B. Primer-Dimere weisen eine niedrigere Schmelztemperatur auf als die Spezifischen.

Unter der Benutzung des Fertigmix „ABsolute QPCR SYBR Green Mix" (ABgene, Epson/ England) wurde ein Reaktionsansatz wie folgt zusammengestellt:

ABsolute QPCR Sybr Green Mix (Taq-DNA-Polymerase, dNTPs, Puffer, Sybr Green)	9,4 µl
H_2O	5,2 µl
Primermix (je 10 µM)	0,4 µl

Dieser Mix (20 µl) wurde in die Vertiefungen einer 96- well- Platte pipettiert und mit 5 µl einer vorverdünnten cDNA (1:50) versetzt. Die Normalisierung der Werte erfolgte über das Haushalts-Gen *RPL27 (L27)*. Um Pipettierfehler zu vermeiden, wurde jede Probe als Triplikat angesetzt. Zur Vermeidung von Kontaminationen wurden sämtliche Pipettierschritte mit gestopften Pipettenspitzen durchgeführt.

Folgende Abfolge wurde als typisches PCR- Programm benutzt:

Denaturierung	95°C	15 min
(Aktivierung der Hot- start- DNA- Polymerase)		

Denaturierung	95°C	15 s		
Hybridisierung	60°C	20 s		40 Zyklen
Elongation	72°C	30 s		

3.2.1.13 Subklonierung von DNA- Fragmenten

Für die Umklonierung von Vektorfragmenten in einen anderen Vektor wurde das entsprechende Fragment üblicherweise mit Restriktionsenzymen ausgeschnitten, anschließend über ein Agarose-Gel aufgereinigt und in den entsprechenden Zielvektor, der vorher ebenfalls mit entsprechenden Restriktionsenzymen linearisiert wurde, eingefügt.

3.2.1.14 Klonierung von PCR Fragmenten in den pCR2.1-TOPO Vektor

Die Klonierung von PCR-Produkten in den pCR2.1-TOPO Vektor erfolgte mit Hilfe des „TOPO TA Cloning® Kits" der Firma Invitrogen (Karlsruhe) nach Angaben des Herstellers. Für die Ligation von PCR-Produkten in den pCR2.1-TOPO Vektor (Invitrogen, Karlsruhe) wurden nach gelelektrophoretischer Überprüfung des PCR-Produktes 4 µl PCR-Produkt mit 1 µl pCR2.1-TOPO Vektor und 1 µl einer im Kit enthaltenen Salz-Lösung zusammenpipettiert und der Ligationsansatz 30 min bei RT inkubiert. Anschließend erfolgte die Transformation von kompetente XL-1 Blue *E. coli* Bakterien und die Anzucht von Einzelklonen auf LB-Amp-Platten. Die erfolgreiche Klonierung spezifischer PCR Fragmente in den pCR2.1-TOPO Vektor wurde anschließend mittels PCR bzw. durch Restriktionsverdau nach Minipräparation überprüft. Um den unspezifischen Einbau von DNA-Mutationen aus der PCR-Reaktion auszuschließen wurden die klonierten Fragmente anschließend mit Hilfe von Standardprimern von beiden Seiten sequenziert.

3.2.1.15 Site-directed Mutagenesis

Im Rahmen dieser Arbeit wurde eine sogenannte „Site-directed mutagenesis" durchgeführt, um putative Bindestellen verschiedener Transkriptionsfaktoren zu mutieren und somit ihre Beteiligung bei der Transaktivierung der *ANGPTL4*-Transkription zu überprüfen.

Die Mutagenese wurde mit dem QuickChange® Site-Directed Mutagenesis Kit der Firma Stratagene durchgeführt und richtete sich nach dem Herstellerprotokoll. Es folgt eine Auflistung der auf diese Weise klonierten Plasmide, der benutzten Mutagenese- Primern und der ursprünglichen Wildtyp- Sequenz. Das Ausgangsplasmid aller Mutagenese-Reaktionen war hierbei ANGPTL4(-8401/-8170) (Klonierungsstrategie s. u.).

Material und Methoden

Plasmid	Mutagenese-Primer 5'-3' sense Orientierung	Wildtyp-Sequenz
ANGPTL4(-8401/-8170)-mutAP1	CCAGCCCAGATTCTG**CC**TCATCCTTTCTGCCC	TGAGTCA
ANGPTL4(-8401/-8170)-mutEBS	GTGAGTACAGTGTGGCA**CC**AAGACTGTGGTTAGTTGCTGG	CAGGAA
ANGPTL4(-8401/-8170)-mutRBE	ACAGTGTGGCAGGAAGACTGT**CC**TTAGTTGCTGG	TGTGGT
ANGPTL4(-8401/-8170)-mutSP	TGTGGTTAGTTG**A**TG**AGA**GC**A**GTAGAGGCCAGTC	GGTGGG GGCGG
ANGPTL4(-8401/-8170)-mutSBE1	CAGTGTGGCAGGAA**TC**CTGTGGTTAGTTGCTGGG	AGAC
ANGPTL4(-8401/-8170)-mutSBE2	CAACCTTGTGGGCTTG**GA**TGAGAAGAATCCTGCA	GTCT
ANGPTL4(-8401/-8170)-mutSBE3	GAGAAGAATCCTGCATG**GA**TCAAGCCAGAGAAA	GTCT

Mutagenese- Primer

3.2.1.16 Weitere Klonierungsstrategien

Die zu untersuchenden *Enhancer*-Bereiche des *ANGPTL4*-Gens wurden, wie oben beschrieben, in den pCR.2.1-TOPO- Vektor kloniert. Anschließend wurden die DNA-Fragmente mit KpnI und XhoI herausgeschnitten und in den ebenfalls mit diesen Restriktionsenzymen verdauten Vektor pGL3-Tatal eingefügt.
Es folgt eine Auflistung der auf diese Weise klonierten Plasmide und der benutzten Klonierungsprimer.

Plasmid	Klonierungsprimer	Sequenz 5'-3' Orientierung
ANGPTL4(-9000/-8000)	hFIAF-9000fw1*	TTGAGATGGATTCTGGCTTTG
	hFIAF-8000rv1*	GTTTGCTCATTGGCACCAT
ANGPTL4(-8607/-8133)	hFIAF-8500fw1*	CTTTCAGGGACCGACTTGAG
	hFIAF-8150rv1*	AGATGACTCAGGTTCAAGGAAGAGC
ANGPTL4(-8607/-8170)	hFIAF-8500fw1*	CTTTCAGGGACCGACTTGAG
	hFIAF-8250rv1b*	CTCTGGCTTGAGACATGCAG

Material und Methoden

Plasmid	Klonierungsprimer	Sequenz 5'-3' Orientierung
ANGPTL4(-8467/-8133)	hFIAF-8400fw1	GTTCCCAGACTGGAAGGAATTATGG
	hFIAF-8150rv1*	AGATGACTCAGGTTCAAGGAAGAGC
ANGPTL4(-8467/-8170)	hFIAF-8400fw1	GTTCCCAGACTGGAAGGAATTATGG
	hFIAF-8250rv1b	CTCTGGCTTGAGACATGCAG
ANGPTL4(-8401/-8170)	hFIAF-8300fw1	CTTCTGAGCACCAGCCCAGA
	hFIAF-8250rv1b	CTCTGGCTTGAGACATGCAG
ANGPTL4(-8286/-8170)	hFIAF-8285fw1	ACTGTGGTTAGTTGCTGGG
	hFIAF-8250rv1b	CTCTGGCTTGAGACATGCAG
ANGPTL4(-8251/-8170)	hFIAF-8290fw1	CACTGGACACGATGTGCCATTAC
	hFIAF-8250rv1b	CTCTGGCTTGAGACATGCAG
ANGPTL4(-8225/-8170)	hFIAF-8280fw1	GTCCTAACAACCTTGTGGGCTTG
	hFIAF-8250rv1b	CTCTGGCTTGAGACATGCAG
ANGPTL4(+2914/+4093)	hFIAF+3000fw1*	TCTGTGGTCCTCATCCTTCC
	hFIAF+4000rv1b*	GGCCAAACCCCATCTCTAGT

Klonierungsprimer *von Till Adhikary bereitgestellt

Zusätzlich zu der oben genannten Strategie kam es zum Einsatz kurzer doppelsträngiger Oligonukleotide (36 nt), die die DNA-Bindungssequenz für PPAR:RXR Heterodimere enthalten.

Hierzu wurden gleiche Mengen einzelsträngiger Oligonukleotide in *sense*- und *antisense*-Orientierung vermischt (Biospring, Frankfurt). Diese Verdünnung wurde in ein kochendes Wasserbad gestellt, welches kontinuierlich abkühlte. Die hybridisierten Proben enthielten BamHI (5') und BglII (3') - Enden und wurden somit in den BglII geschnittenen Vektor pGL3-Tatal über komplementäre Enden eingefügt. Es folgt eine Auflistung der auf diese Weise klonierten Plasmide und der benutzten Oligonukleotide in *sense*-Orientierung.

Material und Methoden

Plasmid	Oligonukleotide 5'-3' sense- Orientierung
ANGPTL4-PPRE1	GATCCCCGCCAAGT**AGGAGAAAGTTCA**GAGCTGGGA
ANGPTL4-PPRE2	GATCCGAGGAAAGT**AGGGGAAAGGGGA**GATGCCTGA
ANGPTL4-PPRE3	GATCCCGGAAAAGT**AGGGGAAAGGTCG**AAATGAGTA

Klonierungsprimer, fett: PPAR/RXR-Bindungsmotiv

Klonierung des Plasmids ANGPTL4(-9000/-8000)(+2914/+4093)

Der *Enhancer-* Bereich (+2914/+4093) des ANGPTL4- Gens wurde zu Beginn mittels der oben beschriebenen Methode in den pCR2.1-TOPO Vektor kloniert. Das durch EcoRI herausgeschnittene DNA-Fragment wurde anschließend in den ebenfalls mit EcoRI verdauten Vektor pGL3-Tatal eingefügt. Zusätzlich wurde ein zweiter *Enhancer-* Bereich (-9000/-8000) in den pCR2.1 Topovektor kloniert, mittels KpnI und XhoI herausgeschnitten und in den gleichfalls KpnI und XhoI verdauten Vektor ANGPTL4(+2914/+4093)-TatalpGL3 eingefügt.

3.2.1.17 Herstellen von Proteinextrakten

Gesamtzellextrakte von Zellen wurden mithilfe des „Qproteome Mammalian Protein Prep" Kits (Qiagen, Hilden) nach Herstellerangaben gewonnen. Hierzu wurden die Zellen auf einer 10 cm Kulturschale zunächst mit kaltem 1x PBS gewaschen, durch die Zugabe von Lysepuffer lysiert und mit Unterstützung eines Zellschabers geerntet. Das Volumen des Puffers variierte dabei je nach Menge und Dichte der Zellen zwischen 350 µl und 600 µl. Nach einer 5-minütigen Inkubationsphase auf Eis wurden die Proben bei 4°C und 14.000 UpM für 10 min abzentrifugiert und der proteinhaltige Überstand in ein neues Reaktionsgefäß überführt. Die Lagerung fand bis zur weiteren Verwendung bei – 20°C statt.

3.2.1.18 Diskontinuierliche SDS-Polyacrylamid-Gelelektrophorese

Mit Hilfe der SDS-Polyacrylamid-Gelelektrophorese nach Lämmli (1970) ist es möglich, Proteingemische effektiv nach dem Molekulargewicht ihrer Komponenten aufzutrennen. Im Anschluss kann eine Anfärbung durch den Farbstoff Coomassie- Blau erfolgen oder es wird ein Transfer bestimmter Proteine auf eine Blotmembran (PVDF oder Nitrocellulose) durchgeführt, welche dann durch spezifische Antikörper detektiert werden können.

Bei der SDS-Gelelektrophorese werden die Eigenladungen der Proteine durch Natriumdodecylsulfat (SDS) maskiert. Dabei lagert sich das SDS mit seinem hydrophoben Rest in die Proteine ein, faltet sie auf und bewirkt, dass alle Proteine größenabhängig mit negativen Ladungen versehen werden. Dieser Schritt ermöglicht ein reines Auftrennen nach der Größe.

Das Gel bei einer diskontinuierlichen SDS-Gelelekrophorese setzt sich aus zwei Phasen mit unterschiedlichen Polyacrylamid-Konzentrationen zusammen, dem Sammelgel (4%) und dem Trenngel (12%-15%). In der oberen Sammelgelschicht sollen die aufzutrennenden Proteine fokussiert und die Proteinfront konzentriert werden. Die wesentlich höhere Acrylamid- Konzentration im Trenngel ermöglicht durch den damit verbundenen Siebeffekt die Auftrennung des Proteingemischs.

Die Proteinextrakte wurden zunächst schonend auf Eis aufgetaut und eine entsprechende Menge (in der Regel zwischen 10 und 100 µg Gesamtprotein) mit 5 x SDS-Probenpuffer versetzt. Es folgte die Denaturierung der Proteine durch Aufkochen im Heizblock bei 95°C für 5 min. Das im Probenpuffer enthaltene Reduktionsmittel DTT begünstigt diesen Vorgang durch die Spaltung der Disulfidbrücken in den Proteinen. Zur späteren Größenbestimmung der Proteinbanden wurde neben den Proben ein Molekulargewichtsmarker () auf das Gel aufgetragen. Die gelelektrophoretische Auftrennung erfolgte zunächst bei einer Spannung von 80 mA im Sammelgel und anschließend bei 15 mA im Trenngel.

3.2.1.19 *Western Blot/ Immunoblot*

Zum immunologischen Nachweis eines bestimmten Proteins wurde ein Western Blot durchgeführt.

Dazu wurde im Anschluss an die gelelektrophoretische Auftrennung das Sammelgel entfernt und die aufgetrennten Proteine im Trenngel mittels *„semi-dry"*-Verfahren auf eine Blotmembran transferiert. Der Aufbau bestand aus folgenden Komponenten:

Anode
2 Lagen Whatman- Papier
Nitrocellulose- Membran
Gel
2 Lagen Whatman- Papier
Kathode

Die Bestandteile wurden vorher für kurze Zeit im Western-Blot-Transferpuffer äquilibriert und luftblasenfrei übereinander gestapelt. Die Transferzeit betrug 30- 40 min bei einer Spannung von 10 V.

Im Anschluss wurde die Blotmembran für die Abschätzung der Transfereffizienz kurz in einer Ponceau S-Lösung (Sigma-Aldrich, München) angefärbt und mit H_2O wieder entfärbt. Die spezifische Detektion bestimmter Proteine erfolgte dann in einem indirekten Enzym-Immunoverfahren:

Zur Absättigung unspezifischer Bindungen wurde die Membran zunächst für mindestens 1 h bei RT mit 5% (w/v) Magermilchpulver in PBS/0,01% Tween-20 geblockt. Nachfolgend wurde sie für wenigstens 3 h bei RT oder besser über Nacht bei 4°C mit dem Erstantikörper auf einem Schüttler inkubiert. Nach dreimaligem Waschen der Membran mit PBS/ 0,01% Tween- 20 für je fünf bis 10 Minuten, schloss sich eine einstündige Inkubation mit einem speziesspezifischen Zweitantikörper bei RT an.

Für den Nachweis des Zweitantikörpers wurde das Entwicklersystem der Firma Millipore, Stadt? benutzt. In dieser Lösung inkubierte die Blotmembran ein bis fünf Minuten und wurde dann vorsichtig abgetropft und in eine Röntgenkassette gelegt. Die Detektion der Chemolumineszenzsignale geschah mittels ein- bis 30-minütiger Exposition eines Röntgenfilms (Fujifilm, Midwest/ USA).

3.2.2 Zellbiologische Methoden

Sämtliche Arbeiten mit Zellkulturen fanden an einem Arbeitsplatz der Sicherheitsstufe S1 statt. Es herrschten sterile Bedingungen an einer Reinraumwerkbank mit autoklavierten bzw. sterilisierten Materialen.

Im regelmäßigen Abstand von 3 Wochen erfolgte ein Mycoplasmen-Test mit Hilfe einer Hoechst-Färbung, um unerwünschte Kontaminationen der benutzten Zelllinien zu detektieren. Positiv getestete Zellen wurden umgehend sachgemäß entsorgt oder die betroffenen Kulturen wurden für 2 - 3 Wochen in Standardmedium mit 2 % Mycokill (PAA, Cölbe) nach Herstellerangaben dekontaminiert. Die erfolgreiche Beseitigung der Mycoplasmenkontamination wurde anschließend erneut mittels Hoechstfärbung überprüft.

3.2.2.1   Verwendete Zelllinien

Die folgenden Zelllinien wurden standardmäßig bei 37°C und einer relativen

Luftfeuchtigkeit von 95 % in einem CO_2- begasbaren Inkubator (5 % CO_2) in 10 cm Zellkulturschalen (Greiner, Nürtlingen) kultiviert und je nach Wachstumseigenschaften alle 3 bis 5 Tage passagiert. Für die Kultivierung von HUVECs und BAECs wurde der Boden der Schalen mit einer Kollagen-Lösung (1,5 mg/ ml) beschichtet.

Zelllinie	Herkunft	Zelltyp	Medium	P
WPMY1	ATCC CRL-11609	Humane Myofibroblastenlinie aus Prostatastroma	DMEM 10% FCS	1:5
HaCaT	P. Boukamp DKFZ;Heidelberg	Humane Keratinozytentzelllinie	DMEM 10% FCS	1:5
HUVEC	Dr. Sabine Müller-Brüsselbach	Humane Endothelzellen aus der Nabelschnur	EGM2 2% FCS	1:4
BAEC	ATCC	Bovine Endothelzellen aus der Aorta	EGM2 2% FCS	1:4
A7r5	ATCC CRL-1444	Glatte Muskelzelllinie aus der Ratte	DMEM 10 % FCS	1:4
3F1	Dr. Markus Rieck	Murine Fibroblastenlinie	DMEM 10 % FCS	1:5
NIH3T3	ATCC CRL- 1658	Murine Fibroblastenlinie	DMEM 10 % FCS	1:6

Auflistung der verwendeten Zelllinien. P= Aufteilungsverhältnis beim Passagieren

3.2.2.2 Der Umgang mit Zellen: Passagieren, Kryokonservierung, Auftauen und Zählen von Zellen

Passagieren

Das Ablösen der Zellen erfolgte durch die kurzzeitige enzymatische Verdauung von Proteinen des Zell-Zell-Adhäsionsapparat. Dazu wurden die Zellen zunächst mit 1x PBS (autoklaviert) rasch gewaschen und dann mit 1ml Trypsin/ EDTA- Lösung vom Boden der Kulturschale abgelöst. Unter dem Lichtmikroskop wurde das Abrunden der Zellen beobachtet, die dann durch leichtes seitliches Schlagen gegen den Plattenboden abgelöst und durch gründliches Resuspendieren im angegebenen Kulturmedium vollständig aufgenommen wurden. Abschließend fand ein Ausplattieren im genannten Verhältnis statt.

Kryokonservierung

Auch bei der Kryokonservierung wurden die Zellen zunächst mit Trypsin/ EDTA vorsichtig vom Boden gelöst. Nach einer Zentrifugation für 5 min bei 1000 UpM wurde das Zellpellet im Einfriermedium (übliches Zellkulturmedium mit 20% FCS und 7,5% DMSO) resuspendiert und in 1 ml Einfrierröhrchen (Nunc, Wiesbaden) überführt.

Um zu verhindern, dass die Zellen durch das zu schnelle Einfrieren platzen, wurde eine langsame Abkühlung in mehreren Schritten durchgeführt. Dabei wurden die Zellen zunächst für ca. 24 h bei –20°C und dann weitere zwei bis drei Tage bei – 80°C gelagert, bevor sie endgültig im Stickstofftank aufbewahrt wurden.

Auftauen der Zellen

Das Auftauen der Zellen fand im 37°C Inkubator für 10 min statt. Je nach Menge der eingefrorenen Zellen wurde der Inhalt des Einfrierröhrchens auf eine der Zellzahl entsprechenden Zellkulturschale mit frischem Zellkulturmedium ausgesät.
Sobald die Zellen sich auf den Boden der Schale hefteten, wurde ein Mediumwechsel durchgeführt.

Zählen von Zellen

Zur Bestimmung der Gesamtzellzahl zur Ausplattierung einer definierten Zellmenge wurden die Zellen einer oder mehrerer Kulturschalen mit Hilfe einer Neubauer Zählkammer (Marienfeld GmbH, Lauda- Königshofen) ausgezählt.
Dazu wurden die Zellen zunächst mit PBS gewaschen, anschließend mit Trypsin/EDTA von den Kulturschalen abgelöst und gegebenenfalls gepoolt. Die Zellsuspension wurde dann mit D10 Medium verdünnt (je nach Zelltyp und Zelldichte 1 : 3 - 1 : 10), gut durchmischt und anschließend in der Neubauer Zählkammer quantifiziert. Die Berechnung der Zellzahl pro Milliliter erfolgte nach folgender Formel:

$$\frac{\text{Gezählte Zellen von 4 Großquadraten} \times 10.000}{4}$$

Zur Berechnung der Gesamtzellzahl wurde die Zellzahl pro Milliliter mit dem

Gesamtlösungsvolumen der Zellsuspension multipliziert. Standardmäßig wurden zweimal 4 Großquadrate ausgezählt und die Zellzahl aus dem Durchschnitt der Einzelzählungen ermittelt.

3.2.3 Transfektion

3.2.3.1 PEI- Transfektion

Die Transfektion der Zellen mit Plasmid- DNA wurde nach der PEI- Methode durchgeführt, welche auf der Bildung von DNA–PEI-Komplexen und anschließender endozytotischer Aufnahme dieser in die Zellen beruht. Das Makromolekül Polyethylenimin interagiert als kationisches Polymer mit dem negativ geladenen Phosphatrückgrat der DNA, was die Kondensation und Komplexbildung zur Folge hat.
Auf diese Weise konnte fremde DNA in die Zellen eingeschleust und vorübergehend zur Expression gebracht werden (transiente Transfektion).

Die Zellen von 100 % konfluenten 10 cm Kulturschalen wurden dazu am Vortag des Experimentes so ausgesäht, dass ihre Zelldichte zu Beginn der Transfektion zwischen 60 % und 80 % betrug.
Kurz vor der Transfektion wurde ein Mediumwechsel mit serumreduziertem Medium (2% FCS) durchgeführt, wobei das Volumen je nach Zellkulturschale variierte (s. u.). Es folgte das Ansetzen einer PEI/PBS- Lösung durch Verdünnen der PEI- Stammlösung (1:20). Anschließend wurde eine Lösung aus der zu transfizierenden Plasmid- DNA und PBS angesetzt, wobei auf eine bestimmte DNA-Gesamtmenge aufgefüllt wurde (s. u.). Zu dieser DNA/PBS- Lösung wurde die PEI/PBS- Lösung pipettiert und sofort gründlich für 5 s gemischt. Nach einer Inkubationsphase von 15 min bei RT (Komplexbildung) wurde die Lösung schließlich tropfenweise in das Medium gegeben. Ein Mediumwechsel auf normales Kulturmedium erfolgte nach 2- 4 h Inkubation bei 37°C. Falls notwendig erfolgte bei diesem Schritt die Stimulation mit Liganden. Bei der Stimulation mit TGFβ2 wurde serumreduziertes Medium (1% FCS) benutzt.

Material und Methoden

Zellkultur-schale	Medium pro well	PEI-PBS-Lösung pro well	DNA-PBS-Lösung pro well	PEI-DNA-Lösung pro well
6-well-Zellkulturplatten	2 ml	5 µl PEI 95 µl PBS	5 µg Reporterplasmid 100 ng Renilla- Luc-Plasmid 10 ng pro Expressionsplasmid 100 µl PBS	100 µl
12-well-Zellkulturplatten	1 ml	2,5 µl PEI 47,5 µl PBS	2,5 µg Reporterplasmid 100 ng Renilla- Luc-Plasmid 5 ng pro Expressionsplasmid 50 µl PBS	50 µl

Übersicht: PEI-Transfektion

3.2.3.2 siRNA –Transfektion

siRNAs sind kleine (19-21bp), doppelsträngige RNA-Moleküle, die nach Inkorporation in den sogenannten RISC Komplex („RNA-induced silencing complex") an ihre Ziel-mRNA binden und zu deren Degradation oder zur Inhibition ihrer Translation führen. Die siRNA-Technologie eignet sich somit zur Analyse von Genfunktionen, da es durch sie möglich ist, die Expression eines Gens zielgerichtet und zeitlich begrenzt auszuschalten. siRNAs gegen nahezu alle bekannten humanen und murinen Gene sind mittlerweile kommerziell erhältlich und können, vergleichbar den Plasmiden (siehe Kapitel 2.3.1), direkt in die zu untersuchenden Zellen transfiziert werden. Die hier verwendeten siRNAs wurden kommerziell von den Firmen Qiagen (Hilden), Sigma- Aldrich (Steinheim) und Dharmacon (Epsom (UK)) bezogen (siehe Kapitel 3.1.6).

Für die siRNA-Transfektion wurden Zellen 2-4 h vor der Transfektion auf 6 bzw. 10 cm Schalen so in Standardmedium (D10) ausgesät, dass sie eine ungefähre Konfluenz von 60- 80 % aufwiesen (üblicherweise 5-6 x10^5 Zellen /6 cm Schale; 1-2 x 10^6 Zellen /10 cm Schale). Das Volumen variierte dabei je nach verwendeter Zellkulturschale (s. u.). Zu Beginn der Transfektion wurde die zu verwendete siRNA mit Opti-MEM Medium (Invitrogen, Karlsruhe) verdünnt (s. u.), wobei die finale siRNA-Konzentration standardmäßig 25 nM betrug. Zu dieser siRNA-Lösung wurde das Transfektionsreagenz HiPerfect (Qiagen, Hilden) pipettiert und sofort gründlich für 5 s vermischt (vortexen). Nach einer Inkubationsphase von 5 - 10 min bei RT (Komplexbildung) wurde die Lösung schließlich tropfenweise in das Medium pipettiert. Der Mediumwechsel auf normales Standardmedium (D10) erfolgte nach einem Tag. Um einen effektiven Knockdown des zu untersuchenden Gens zu gewährleisten, wurde die siRNA-Transfektion in einem zweiten Schritt wiederholt. Dies erfolgte nach der eben beschriebenen Prozedur.

Zellkulturschale	Medium pro Schale	HiPerfect pro Schale	siRNA-Lösung pro Schale
6cm-Zellkulturschale	4 ml	20 µl	750 ng siRNA + 100 µl Opti-MEM
10cm-Zellkulturschale	7 ml	40 µl	3000 ng siRNA + 1000 µl Opti-MEM

Übersicht: siRNA-Transfektion

3.2.4 Luziferase-Reportergen-Assay (Luziferase-Assay)

Mit Hilfe von Reportergen-Analysen lassen sich Transaktivierungsstudien *in vitro* in Zellkultur durchführen. Dies ist besonders bei der Untersuchung von regulatorischen Elementen innerhalb des Promotors und *Enhancer*-Bereichen eines Gens von großer Bedeutung.

Das Luziferase-gekoppelte Reportergensystem beruht auf der Messung von Lichtblitzen (Biolumineszenz), die durch die katalytische Oxidation von D-Luziferin durch das Enzym *Firefly*-Luziferase (aus: *Photinus pyralis*) oder *Renilla*-Luziferase (aus: *Renilla reniformis*) entstehen.

Um die PPARβ- und TGFβ-abhängige Transaktivierung des *ANGPTL4*- Gens genauer zu untersuchen, wurde im Rahmen dieser Dissertation mit unterschiedlichen Reporterkonstrukten (siehe Kapitel 3.1.7) gearbeitet. Dazu wurden 48 h vor dem Luziferaseassay Zellen mit den entsprechenden Reporter-und Expressionsplasmiden in 6-*well*-Schalen bzw. 12-*well*-Schalen transfiziert (siehe Kapitel 2.3.1) und gegebenenfalls mit Liganden bzw. Inhibitoren behandelt. Für die Bestimmung der Luziferaseaktivität wurden zwei unterschiedliche Systeme verwendet.

Herkömmliche Methode mit eigenen Puffern

Hierzu wurden die Zellen kurz mit PBS gewaschen und anschließend mit 250 µl TGG-Puffer je *well* einer *6-well-* Schale bzw. mit 100 µl TGG-Puffer je *well* einer *12-well-* Schale für 5 min bei RT lysiert. Anschließend wurden 100 µl des Lysats zu 360 µl LAB-Puffer („*Luciferase Assay-Buffer*") in Polystyrolröhrchen (Sarstedt, Nümbrecht) pipettiert. Die Messung der Luziferaseaktivität (RLUs „*relative light units*") erfolgte nach automatischer Injektion von je 100 µl Luziferinlösung pro Probenröhrchen in einem Luminometer (AutoLumat LB 953Plus; Berthold, Düsseldorf). Gemessen wurde das Integral der Lumineszenz über ein Intervall von 10 ms. Die Messung der Ansätze erfolgte jeweils in Triplikaten, die Berechnung der Mittelwerte und der Standardabweichung wurden mit dem Programm Microsoft Excel (Microsoft, Unterschleißheim), sowie die graphische Auswertung der Messdaten mit dem Programm GraphPad Prism 5 (GraphPad Software,La Jolla (USA)) durchgeführt.

Kommerzielle Methode mit „*Dual-Well-System*" (pjk GmbH, Kleinblittersdorf)

Der Vorteil dieser Methode besteht in der dualen Messung von *Firefly-* und *Renilla-*Luziferaseaktivität einer Probe. Die zusätzliche *Renilla-*Aktivität gibt Auskunft über die Transfektionseffizienz der einzelnen Proben und schafft eine Möglichkeit zum späteren Abgleichen der Werte. Bei der Transfektion wurde neben dem *Firefly-*Reporterkonstrukt das Plasmid R-Luc (CMV-Promotor kontrollierte *Renilla-*Luziferase) benutzt. Zur Bestimmung der Luziferase-Aktivität wurden die Zellen ebenfalls kurz mit PBS gewaschen und anschließend mit 100 µL TGG-Puffer je *well* einer *12-well-* Schale für 10 min bei RT lysiert. 20 µl des Lysats wurden in eine Vertiefung einer 96-*well-*Schale (weiß) (Fisher Scientific, Hamburg) pipettiert. Die Messung der Luziferaseaktivität (RLUs „*relative light units*") erfolgte nach automatischer Injektion von je 50 µl Luziferinlösung pro Probe in einem Luminometer (Orion L Microplate Luminometer; Berthold, Düsseldorf). Gemessen wurde das Integral der Lumineszenz über ein Intervall von 5 s. Die *Firefly-*Aktivität wurde mittels *Beetle-Juice*, die *Renilla-*Aktivität mittels *Renilla-Juice* ermittelt. Die relative Luziferase- Aktivität wurde folgendermaßen berechnet:

$$\frac{RLU_{Firefly}}{RLU_{Renilla}}$$

3.2.5 Electrophoretic mobility shift assay (EMSA)

Mit Hilfe dieser Methode ist es möglich, potentielle DNA-Bindungssequenzen für ein bekanntes Protein zu identifizieren.

3.2.5.1 Herstellung von radioaktiv markierten Oligonukleotid-Proben

Zur Herstellung doppelsträngiger endmarkierter Oligonukleotide wurden gleiche Mengen der einzelsträngigen Oligonukleotide mit den entsprechenden Bindungsstellen in *sense-* und *antisense*-Orientierung (Biospring, Frankfurt/Main) vermischt. Diese Lösung wurde in ein kochendes Wasserbad gestellt, welches kontinuierlich abkühlte. Die hybridisierten Oligonukleotide wurden durch den T4-Polynukleotid-Kinase- Kit (Fermentas, St. Leon-Rot) endständig mit γ-P^{32}-ATP markiert.

Markierungsreaktionsansatz: 5 µl 5 × Kinase-Puffer A
1 µl T4 Polynukleotid-Kinase (10 u)
2 µl Oligonukleotid (2,5 pmol/µl)
2 µl γ-P^{32}-ATP (20pmol)
ad 25µl Wasser

Der Reaktionsansatz wurde für 30 min bei 37°C inkubiert. Die nicht eingebauten radioaktiven Nukleotide wurden mit Hilfe des „Qiaquick Nucleotide Removal" Kits (Qiagen, Hilden) nach Anleitung des Herstellers abgetrennt. Die Oligonukleotid-Proben wurden bis zu ihrer Verwendung bei -20°C gelagert. Die verwendeten Oligonukleotidsequenzen sind im Kapitel 3.1.6 zusammengefasst.

3.2.5.2. In vitro Proteinsynthese

Die Proteinsynthese erfolgte mit Hilfe des *„TNT-T7 Quick Coupled Transcription/ Translation System"* Kits (Promega, Mannheim). Hierzu wurden Expressionsplasmide *in vitro* transkribiert und anschließend translatiert.

Reaktionsansatz: 40 µl TNT- Mix
1 µg Expressionsplasmid
1 µl Methionin
ad 50 µl RNase- freies Wasser

Der Reaktionsansatz wurde für 90 min bei 30°C inkubiert, anschließend aliquotiert und bis zur weiteren Verwendung bei -80°C gelagert. Folgende Expressionsplasmide wurden hierbei benutzt: pcDNA-hPPARβ, pSG5-hRXRα, pcDNA3.1.

3.2.5.3. Electrophoretic mobility shift assay (EMSA)

Für die electrophoretic mobility shift assays wurden folgende Bindungsreaktionen angesetzt:

Vorinkubation: 3 µg poly dIdC
                 1 µg pUC18
                 jeweils 3 µl TNT-Lysat (s.o.)
                 ad 25 µl 1x EMSA- Bindepuffer

Zu dieser Reaktion wurde nach 30 min bei 30°C 100 fmol markiertes Oligonukleotid hinzugefügt. Die Bindungsreaktion dauerte 15 min bei ebenfalls 30°C und wurde anschließend elektrophoretisch (1,5 h bei 100 V) im Polyacrylamidgel aufgetrennt. Für die shift assays wurden 4%ige nichtdenaturierende Polyacrylamidgele in 1x RA- Puffer hergestellt (freundlicher Weise von Dr. Wolfgang Meißner zur Verfügung gestellt). Das Gel wurde nach dem Lauf auf einem Whatman-Papier im Sterilisationsofen getrocknet (45 min, 150°C), und es wurde für einen Tag eine Phospho- Imager- Platte aufgelegt. Im Anschluss an die Auswertung am Phosphor- Imager (Fuji-Raytest-Scanner + Eraser für Imaging Plates; Raytest, Staubenhardt) folgte das Auflegen eines Röntgenfilms (Fuji, Düsseldorf), welcher nach 5 Tagen routinemäßig in der Dunkelkammer entwickelt wurde.

3.2.6 Microarray

Die Qualität der isolierten RNA (siehe RNA-Isolierung) wurde auf dem Experion (Bio-Rad, München) mit RNA StdSens Chips analysiert (RQI). Die für den Microarray eingesetzten RNA-Proben wurden mithilfe des „Agilent Quick Amp Labeling Kit" (Agilent, Böblingen) amplifiziert und markiert. Nach der Aufreinigung wurde die markierte aRNA quantifiziert und nach den Herstellerangaben hybridisiert (Agilent Microarray Hybridization Chamber User Guide (G2534-90001)). Für die Analyse der Genexpression verschieden behandelter Proben wurde der humane Agilent 4-plex Array 44K in einem Referenz-Design benutzt, wobei sich die Referenz-Probe aus einem Pool aller eingesetzten Proben zusammensetzte. Die Markierung der Referenz erfolgte mit dem Farbstoff Cy3, während die zu analysierenden Proben mit Cy5 gelabelt wurden. Nach 17-stündiger Hybridisierung bei 65°C wurden die *slides* gewaschen und eingescannt unter Verwendung des Agilent DNA Microarray Scanners G2505C; Scan Software: Agilent Scan Control Version A.8.1.3; Software zur Quantifizierung: Agilent Feature Extraction Version 10.5.1.1 (FE Protocol GE_105_Dec08). Die beschriebene Aufarbeitung der *Microarray*-Proben sowie das Einscannen der Chips wurden von Wolfgang Meißner durchgeführt. Die Auswertung der Daten erfolgte durch Zusammenarbeit mit Birgit Samans und Till Adhikary.

3.2.7 Statistische Auswertung

Signifikanzen wurden mithilfe eines zweiseitigen T-Test (ungepaart, gleiche Varianz) unter Verwendung des *„GraphPad t-test calculators"* (http://www.graphpad.com/quickcalcs/ttest1.cfm?Format=SD) berechnet. Bei multiplen Vergleichen erfolgte eine Bonferroni-Korrektur.

3.2.8 Mauszucht und Tierexperimente

Alle Maus-Versuchstiere wurden bei einer Raumtemperatur von 37°C, einer relativen Luftfeuchtigkeit von 60% und einem 12 h Hell-Dunkel-Rhythmus gehalten. Die Tiere erhielten Wasser und pelletiertes Futter Altromin 1324 (Altromin, Lage) *ad libidum*.

4 Ergebnisse

4.1 Klassifizierung von PPARβ/δ-Zielgenen

In früheren Experimenten unserer Arbeitsgruppe konnten in verschiedenen Zellsystemen Unterschiede in der Aktivierung von PPARβ/δ-Zielgenen beobachtet werden. PPARβ/δ-spezifische Agonisten induzierten dabei verschieden stark und schnell die Expression einzelner Zielgene. Um diesen Befund detaillierter zu untersuchen, sollten im ersten Teil dieser Arbeit PPARβ/δ-Zielgene mithilfe verschiedener Ansätze charakterisiert werden. Die Behandlung mit spezifischen Agonisten bzw. Antagonisten sowie die Auswirkungen einer siRNA-vermittelten PPARβ/δ-Depletion standen dabei im Vordergrund. Als Zellsystem wurde die humane Myofibroblasten-ähnliche Zelllinie WPMY-1 (Stromazellen aus der Prostata) verwendet.

4.1.1 Identifizierung von PPARβ/δ-Zielgenen mittels *Microarray*-Analyse

Im ersten Schritt war es wichtig einen generellen Überblick über die durch PPARβ/δ aktivierten Zielgene in diesem Zellsystem zu gewinnen. Hierzu wurden WPMY-1 Zellen mit dem spezifischen Agonisten GW501516 (0,3 µM) oder dem Lösungsmittel DMSO für 6 h behandelt. Die gewonnenen RNAs wurden wie im Kapitel 3.2.6 beschrieben in eine *Microarray*-Analyse eingesetzt und die Genexpression miteinander verglichen. Die Durchführung erfolgte durch Wolfgang Meißner. Die Daten wurden durch Birgit Samans ausgewertet.

Die Behandlung mit GW501516 führt zu einer Induktion von 141 Sonden, welche 89 annotierte Gene und 13 Transkripte mit unbekannter Funktion repräsentieren (≥20% Veränderung). Einen exemplarischen Auszug stellt die Tabelle 1 dar. Wie erwartet, führt die Aktivierung von PPARβ/δ zu einer Induktion von Genen, die beim Fettsäure-Metabolismus eine Rolle spielen (z.B. *CAT, SLC25A20, CPT1A, ABCA1, ADRP)*. Das mit Abstand am stärksten regulierte Gen ist *ANGPTL4* (7-fach). Außer *ADRP* (*„adipose differentiation related protein"*), welches 2,3-fach induziert wird, zeigen alle anderen Gene eine deutlich schwächere GW-vermittelte Induktion, die weniger als zweifach beträgt.

Genname	Relative Induktion durch GW
ANGPTL4	6,97
ADRP	2,26
SLC25A20	1,81
ACAA2	1,68
CPT1A	1,66
ABCA1	1,61
HCCS	1,42
SIKE	1,40
SULF1	1,37
POSTN	1,34
SPRED1	1,32
NOTCH2NL	1,32
SFRS6	1,32
PRRX1	1,31
MLYCD	1,30
GRAMD3	1,29
RNF138	1,29
ADAM9	1,29
RNF2	1,29
SLC44A1	1,29
PPP1CB	1,28
LIPG	1,26
CYP24A1	1,26
PTPRE	1,26
ST6GAL2	1,25
THBS1	1,25
PRO2266	1,24
CDK2	1,24
SLCO2A1	1,22

Tabelle 4.1 Auszug *Microarray*-Analyse. Vergleich der Genexpressionmuster von unterschiedlich behandelten WPMY-1 Zellen (6 h mit GW501516 (0,3 µM) oder Lösungsmittel). Die isolierte RNA wurde amplifiziert und auf einem Agilent Chip im Referenz-Design miteinander verglichen. Dargestellt ist die relative Induktion zum Lösungsmittel DMSO.

4.1.2 Genomweite Suche nach PPARβ/δ-Bindestellen

Zusätzlich zur Identifizierung von transkriptionell regulierten Zielgenen erfolgte die genomweite Suche nach PPARβ/δ-Bindestellen. Während die Aktivierung verschiedener Gene durch PPARβ/δ seit Jahren bekannt ist, gibt es wenige Erkenntnisse über das generelle Binden des Kernrezeptors auf genomweiter Ebene. Aus diesem Grund erfolgte in Kooperation mit dem Helmholtz-Zentrum für Infektionsbiologie (HZI) Braunschweig eine ChIP-Sequenzierung. WPMY-1 Zellen wurden für 1 h mit GW501516 (0,3 µM) behandelt. Anschließend erfolgte eine Chromatin-Immunpräzipitation (ChIP) mit Antikörpern spezifisch gegen PPARβ/δ oder einem IgG-Pool. Die präzipitierte DNA wurde sequenziert und die Auswertung der Daten erfolgte durch Florian Finkernagel. Die ChIP-Experimente wurden von Till Adhikary durchgeführt.

In der Tabelle 2 sind exemplarisch die besten Bindestellen von PPARβ/δ dargestellt, die eine *false discovery rate* (FDR)=0 aufweisen (die FDR beschreibt die Rate der falsch positiven Ergebnisse). Neben der Lokalisation im Genom und der Benennung des nächsten Gens in der Umgebung ist die validierte relative Anreicherung zu IgG abgebildet. Es ist festzustellen, dass Bindestellen in der Nähe von Genen gefunden wurden, die bereits bei der *Microarray*-Analyse identifiziert wurden (grau hinterlegt). Im Gegensatz dazu gibt es Gene, die zwar eine deutliche PPARβ/δ-Bindung aufweisen, jedoch nicht durch GW501516 in WPMY-1 Zellen aktiviert wurden (relative Indukion <1,2-fach). Hierzu zählen zum einen Gene, die bereits als PPAR-reguliert beschrieben wurden (z.B. *ETFA, ETFB, LACS5, ACADVL)* (Adamo, Dent et al. 2007; Rakhshandehroo, Sanderson et al. 2007; Thering, Bionaz et al. 2009) und zum anderen Gene, die keine bekannten PPAR-Zielgene sind und kein PPRE aufweisen (z.B. *RHEB, NCOA5, LEO1, DIAPH1).*

Ergebnisse

Rel. Anreicherung zu IgG	Chromosom	Start	Ende	Nächstes Gen
n.g.	chr1	220219930	220220140	EPRS
102,5	chr3	48936219	48936431	SLC25A20
n.g.	chr3	180707445	180707622	DNAJC19
11,6	chr5	140904368	140904649	DIAPH1, PCDHGA12
7,1	chr5	140079913	140080122	ZMAT2
37,5	chr7	95238072	95238456	AC002451.3 (bei PDK4)
14,4	chr7	151157149	151157550	ESTs, RHEB
n.g.	chr7	22862395	22862584	TOMM7
43,1	chr8	103666327	103666498	KLF10 Isoform b (EGRA)
20,0	chr9	107753976	107754244	ABCA1, SLC44A1
16,9	chr9	19161615	19162056	ADRP
6,2	chr9	19129728	19129945	ADRP, PLIN2
5,1	chr9	113388418	113388680	AV704385 p150
n.g.	chr10	114143184	114143407	LACS 5 (ACSL5)
45,6	chr11	68606733	68607063	CPT1A
16,9	chr11	34460744	34460989	CAT
n.g.	chr12	110389622	110389802	CAT2
n.g.	chr14	35629184	35629357	MRPP3
16,8	chr15	76603837	76604025	ETFA
6,8	chr15	52263883	52264168	LEO1
4,2	chr16	790885	791148	NARFL
26,7	chr17	7123564	7123800	ACADVL, DLG4
n.g.	chr17	7232638	7232861	NEURL4
24,8	chr18	47339845	47340054	ACAA2, SCARNA17
21,1	chr18	11947202	11947500	IMPA2, MPPE1
31,3	chr19	8432207	8432629	ANGPTL4
14,8	chr19	39322462	39322762	ECH1
n.g.	chr19	51869773	51869983	ETFB
8,0	chr20	44718586	44718800	NCOA5
4,2	chr20	5986613	5986826	CRLS1
25,1	chrX	45366393	45366609	RP11-245M24.1

Tabelle 4.2 Auszug ChIP-Sequenzierung. Genomweite Suche nach PPARβ/δ Bindestellen in GW501516-behandelten WPMY-1 Zellen (1 h; 0,3 µM). Dargestellt sind Bindestellen mit einer FDR=0 und deren nächstgelegenen Gene (Annotierung GRCh37/h19). Die Anreicherung von PPARβ/δ relativ zu einem unspezifischen IgG-Pool wurden in einem weiteren ChIP-Experiment validiert (n.g.= nicht getestet). Die ChIP-Experimente erfolgten durch Till Adhikary, die ChIP-Sequenzierung wurde in Kooperation mit dem HZI Braunschweig durchgeführt, die Daten wurden bioinformatisch von Florian Finkernagel ausgewertet. Grau hinterlegt sind Gene, die bei der *Microarray*-Analyse als GW501516-induzierte Gene identifiziert wurden (relative Induktion > 1,2).

Mithilfe der Genexpressionsanalyse via *Microarray* wurden diverse GW501516-abhängig regulierte Gene in WPMY-1 Zellen gefunden, die unterschiedlich starke Aktivierung nach 6 h aufweisen. Desweiteren konnten durch die genomweite ChIP-Sequenzierung Hinweise auf die generelle Bindung von PPARβ/δ in Anwesenheit des Liganden GW501516 gewonnen werden. Hierbei zeigte sich, dass der Kernrezeptor sowohl wie erwartet an genomische Bereiche der regulierten Gene (z.B. *ANGPTL4, ADRP, CPT1a*) bindet als auch in der Nähe von Genen, die bisher nicht als PPAR-Zielgene beschrieben wurden und kein PPRE aufweisen. Diese Ergebnisse deuten, wie auch frühere Versuche der Arbeitsgruppe, auf eine unterschiedliche Regulation von PPARβ/δ-Zielgenen hin. Im Hinblick auf diese Erkenntnisse sollte im Folgenden die PPARβ/δ-abhängige Regulation von sechs verschiedenen Genen näher untersucht werden. Exemplarisch für die Gruppe von stärker aktivierten Genen stehen *ANGPTL4* und *ADRP*, eher schwächer GW501516-induzierte Gene sind *CPT1a* und *SLC25A20*. Zusätzlich sollten für die Gruppe der nicht GW501516-regulierten Gene *LEO1* (Paf1/RNA Polymerase II Komplex Komponente) und *DIAPH1* („diaphanous homolog 1") charakterisiert werden.

4.1.3 Charakterisierung von PPARβ/δ-Zielgenen

Spezifische Agonisten bzw. Antagonisten sowie der Einsatz einer siRNA-vermittelten PPARβ/δ-Depletion wurden nachfolgend zur Charakterisierung der Expression der verschiedenen PPARβ/δ-Zielgene verwendet.

4.1.3.1 Einfluss spezifischer Agonisten auf die Genexpression

Mithilfe der oben erwähnten *Microarray*-Analyse konnten Gene identifiziert werden, deren Expression durch GW501516 nach 6 h aktiviert wurde. Um den Einfluss von spezifischen PPARβ/δ-Liganden auch über einen bestimmten Zeitverlauf genauer zu klären, wurden WPMY-1 Zellen für die in Abbildung 4.1 angegebenen Zeitpunkte mit den beiden Liganden GW501516 und L165,041 behandelt. Nach der RNA-Isolierung und cDNA-Synthese wurde die Expression der Gene *ANGPTL4, ADRP, CPT1a, SLC25A20, LEO1* und *DIAPH1* per RT-qPCR ermittelt. Dargestellt ist die relative Induktion bezogen auf die DMSO-Kontrolle.

Allgemein ist festzustellen, dass alle untersuchten Gene die maximale relative Induktion nach 6 h aufweisen, die Genexpression ändert sich nach 12 h Ligandengabe nicht wesentlich. Wie in Abbildung 4.1 dargestellt, weisen die Gene *ANGPTL4* und *ADRP* bereits nach 3 h eine signifikante Aktivierung durch Ligandengabe auf. Die relative Induktion steigt im Fall von *ANGPTL4* auf ca. 10-fach (GW) bzw. rund 15-fach (L165) nach 6 h. Die relative Induktion der *ADRP*-Expression ist hingegen nach 3 h GW-Behandlung nur ca. 2,5-fach, während sie nach 6 h auf ca. 4-fach (GW) bzw. 6-fach (L165) ansteigt. Im Gegensatz zu diesen Genen reagieren *CPT1a* und *SLC25A20* deutlich langsamer und schwächer auf die Behandlung mit PPARβ/δ-Liganden. Die *CPT1a*-Expression wird erst nach 6 h signifikant induziert (ca. 2-fach, GW und L165), die relative Induktion von *SLC25A20* beträgt zum gleichen Zeitpunkt nur ca. 1,5-fach (GW, L165). Völlig unbeeinflusst auf die Ligandengabe verhalten sich die Expressionen der Gene *LEO1* und *DIAPH1*. In beiden Fällen führt die Stimulation mit GW oder L165 nicht zur Induktion der Expression.

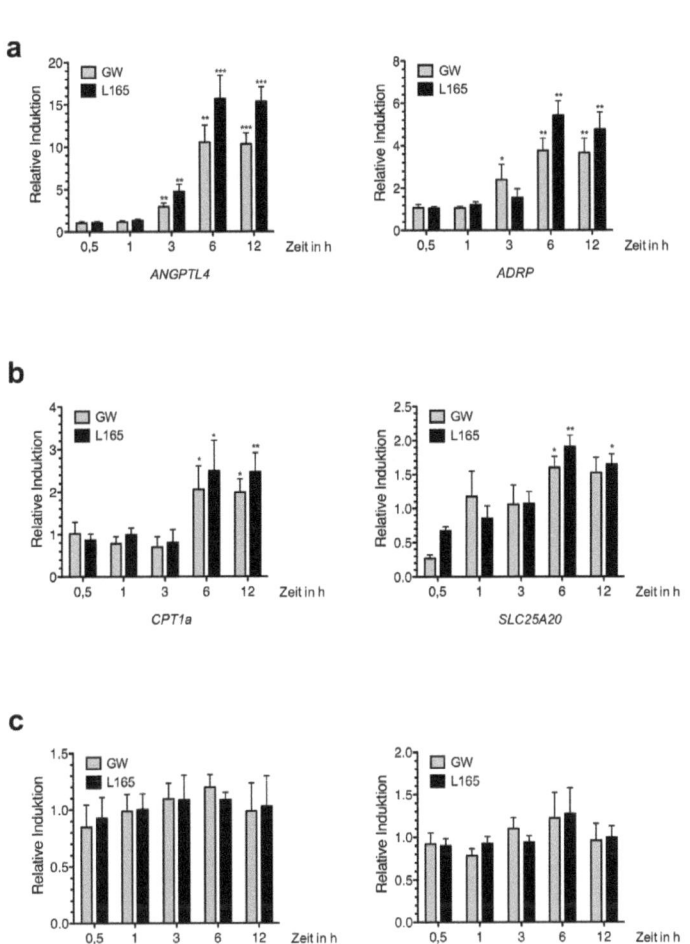

Abb. 4.1 Transkriptionelle Aktivierung verschiedener Gene durch PPARβ/δ-Liganden. WPMY-1 Zellen wurden für die angegebenen Zeitpunkte mit PPARβ-Liganden GW501516 (GW 0,3 µM), L165,041 (L165 2 µM) oder dem Lösungsmittel DMSO behandelt. Nach der RNA-Isolierung und cDNA-Synthese erfolgte eine RT-qPCR. Dargestellt ist die relative Induktion bezogen auf DMSO. **a)** *ANGPTL4, ADRP* **b)** *CPT1a. SLC25A20* **c)** *LEO1, DIAPH1* ***p<0,001, **p<0,01, *p<0,05 signifikanter Unterschied zur unbehandelten Probe (t-Test, Bonferroni-Korrektur).

4.1.3.2 Einfluss spezifischer Antagonisten und PPARβ/δ-Depletion auf die Genexpression

Neben dem Einfluss spezifischer Agonisten sollten die Auswirkungen von Antagonisten, die zur Rekrutierung von Ko-Repressor-Komplexen führen (Daten der Arbeitsgruppe), untersucht werden. In Zusammenarbeit mit der Pharmazie Marburg (AG Diederich) wurden im Vorfeld verschiedene, synthetische Antagonisten getestet (durchgeführt von Simone Naruhn und Anne Grahovac). Zwei verschiedene Substanzen (ST247 und VP080) zeigten sich als besonders effektiv und wurden im nachfolgenden Experiment eingesetzt. WPMY-1 Zellen wurden für 30 h mit den Antagonisten ST247 oder VP080 (jeweils 1 µM) behandelt. Nach der RNA-Isolierung und cDNA-Synthese wurde die Expression der Gene *ANGPTL4, ADRP, CPT1a, SLC25A20, LEO1* und *DIAPH1* per RT-qPCR ermittelt. Dargestellt ist die relative Repression bezogen auf die DMSO-Kontrolle (Abb. 4.2a). Vergleichbar mit den Effekten der Agonisten-Behandlung reagieren die verschiedenen Gene divers auf die Antagonisten. Während die Expression der Gene *CPT1a* und *SLC25A20* nach 30 h deutlich auf unter 50% sinkt, beträgt die relative Repression des Gens *ANGPTL4* ca. 0,7 bzw. *ADRP* ca. 0,8. Keine Repression durch ST247 zeigt die Expression der Gene *LEO1* und *DIAPH1*, VP080 führt in diesem Fall sogar zu einer leichten Induktion der Expression.

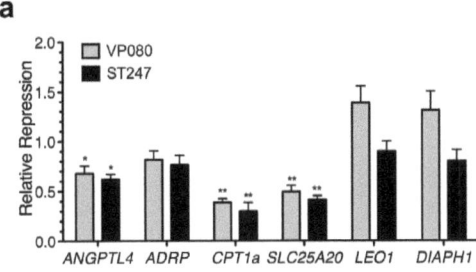

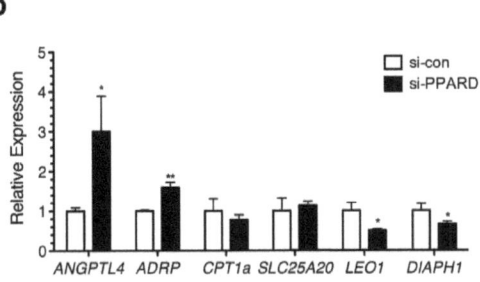

Abb. 4.2 Expression verschiedener Gene nach Antagonisten-Behandlung und PPARβ-Depletion. a) WPMY-1 Zellen wurden für 30 h mit 1 µM PPARβ/δ- Antagonisten VP080, ST247 oder dem Lösungsmittel DMSO behandelt. Nach der RNA-Isolierung und cDNA- Synthese erfolgte eine RT- qPCR. Dargestellt ist die relative Repression bezogen auf DMSO. **b)** Nach der RNA-Isolierung von WPMY-1 Zellen, welche mit *PPARD*-spezifischer oder Kontroll-siRNA (si-con) transfiziert wurden, erfolgte eine cDNA-Synthese und RT-qPCR. Dargestellt ist die relative Expression der Gene *ANGPTL4, ADRP, CPT1a, SLC25A20, LEO1* und *DIAPH1*. **p<0,01,*p<0,05 signifikanter Unterschied zur unbehandelten Probe (t-Test, Bonferroni-Korrektur).

Die Behandlung mit Agonisten bzw. Antagonisten wirkt sich unterschiedlich auf die einzelnen Gene aus. Weder *LEO1* noch *DIAPH1* reagieren im Gegensatz zu den anderen Genen bisher auf die Stimulation mit den Substanzen und zeigen somit keine PPARβ/δ-abhängigen Effekte. In einem weiteren Ansatz sollte deshalb der generelle Einfluss der PPARβ/δ-Anwesenheit auf die Expression der Gene untersucht werden. Hierzu wurden WPMY-1 Zellen mit spezifischer siRNA gegen *PPARD* transfiziert und die RNA isoliert. Nach der cDNA-Synthese erfolgte die Messung der Expression der Gene *ANGPTL4, ADRP, CPT1a, SLC25A20, LEO1* und *DIAPH1* per RT-qPCR. Der Effizienz des *knockdowns* wurde ebenfalls mittels RT-qPCR ermittelt (Reduktion von *PPARD* um 70% auf RNA-Ebene, Daten nicht gezeigt).

Wie in Abbildung 4.2b zu sehen ist, führt die Depletion von PPARβ/δ bei den Genen

ANGPTL4 und ADRP zu einem Anstieg der Expression. Dieser fällt bei ANGPTL4 stärker aus als bei ADRP (3-fach vs. 1,7-fach). Demgegenüber verändert sich weder die Expression von CPT1a noch von SLC25A20 in Abwesenheit von PPARβ/δ. Die Expression der Gene LEO1 und DIAPH1 sinkt hingegen signifikant unter PPARβ/δ-Depletion und korreliert somit direkt mit der Expression des Kernrezeptors.

Zusammenfassend lässt sich sagen, dass die Gene ANGPTL4, ADRP, CPT1a, SLC25A20, LEO1 und DIAPH1 verschieden sowohl auf die Transaktivierung von PPARβ/δ mittels Agonisten als auch auf die Antagonisten-vermittelte Transrepression reagieren. Das Spektrum reicht von starken Effekten bis zu keinerlei Auswirkungen auf die Genexpression (LEO1/DIAPH1). Dennoch weist die letztere Gruppe von Genen eine PPARβ/δ-Abhängigkeit auf, das Expressionsniveau korreliert eindeutig mit der PPARβ/δ-Menge.

4.2 *Cross-talk* des TGFβ- und PPARβ/δ-Signalwegs

Eigene Studien der Arbeitsgruppe haben eine essentielle Funktion für PPARβ/δ in Tumorstromazellen aufgedeckt (Müller-Brüsselbach, Kömhoff et al. 2007). Die Deletion von *Ppard* resultiert in einer Hemmung des Wachstums syngener Tumoren, einhergehend mit einem stark veränderten hyperplastischen Tumorstroma und einer abnormalen Menge an Myofibroblasten sowie dem Fehlen von ausgereiften Tumorblutgefäßen. Die Studien weisen auf eine spezifische Funktion von PPARβ/δ im Tumorstroma hin, da keine Effekte bei der physiologischen Angiogenese oder vergleichbaren Prozessen nachweisbar waren. Aus diesem Grund ist das Modulieren von Signalen, die durch Tumorzytokine ausgelöst werden, eine mögliche Funktion von PPARβ/δ. Eine Schlüsselrolle beim Tumorwachstum und bei der Tumor-Stroma-Interaktion spielt das Zytokin TGFβ (Massague 2008) In diesem Zusammenhang sollte mithilfe der folgenden Versuche die Hypothese untersucht werden, ob die PPARβ/δ- und TGFβ-Signalwege funktionell interagieren.

4.2.1. Identifizierung von koregulierten Genen mittels *Microarray-Analyse*

Um mögliche Interaktion der TGFβ- und PPARβ/δ-Signalwege in Myofibroblasten zu untersuchen, wurden in einem *Microarray*-Experiment die Genexpressionsmuster von WPMY-1 Zellen verglichen, die entweder mit GW501516 (0,3 µM), TGFβ2 (2 ng/ml) oder beiden Liganden für 6 h behandelt wurden.

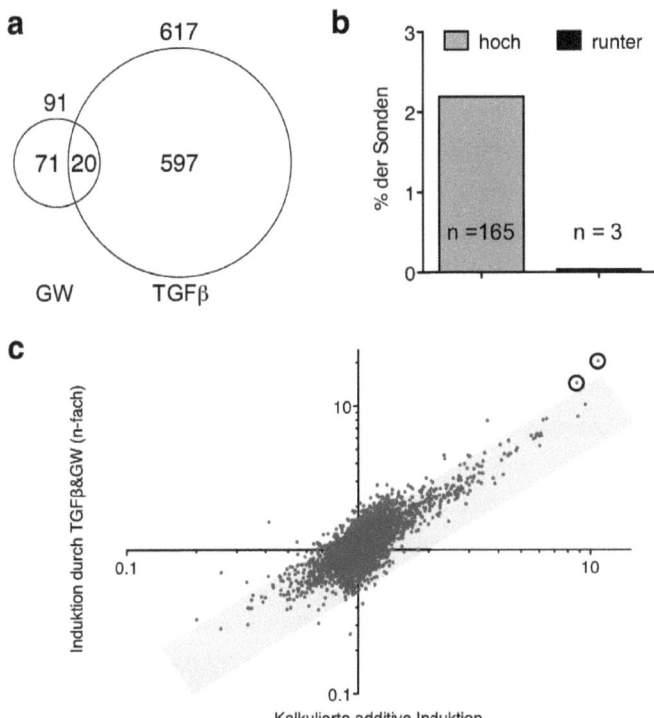

Abb. 4.3 Genomweite transkriptionelle Antwort von humanen Myofibroblasten nach Behandlung mit TGFβ, PPARβ/δ-Agonist oder beiden Liganden. a) Venn-Diagramm der Sonden, die eine Induktion durch TGFβ2 oder GW501516 in WPMY-1 Zellen zeigen (≥ 20% Veränderung). Der *overlap* präsentiert die Sonden, die induzierbar durch beide Liganden sind. b) Graphische Repräsentation der Sonden, die eine kooperative Regulation durch TGFβ2 und GW501516 in WPMY-1 Zellen zeigen. Gezeigt ist die Anzahl der Sonden, die einen ≥50% Unterschied in der Expression nach Behandlung mit TGFβ2 plus GW501516 verglichen zur Behandlung mit den einzelnen Liganden aufweisen. Die Auftragung beinhaltet sowohl aktivierte (links) als auch reprimierte Sequenzen (rechts). c) Der kooperative Effekt einzelner Sonden als *dot plot* aufgetragen. Die relative Induktion, gemessen nach TGFβ2 plus GW501516 Behandlung, wurde gegen die kalkulierte additive Induktion, welche aus den relativen Expressionen nach Behandlung mit den einzelnen Liganden errechnet wurde, geplottet. Die schattierte Fläche weist auf einen maximal additiven Effekt (Schwellenwert ±50%) hin. Datenpunkte oberhalb dieser Fläche zeigen eine gesteigerte kooperative Regulation, Datenpunkte unterhalb der Fläche deuten auf einen gegenteiligen Effekt durch TGFβ und GW501516. Die eingekreisten Punkte markieren die Daten des *ANGPTL4*-Gens (zwei verschiedene Sonden des *Microarrays*).

Wie in Abbildung 4.3a im Venn-Diagramm dargestellt, zeigen 617 Sonden eine TGFβ-vermittelte Induktion und 91 Sonden eine Induktion nach GW-Behandlung (≥20%), wobei 20 davon in beiden Gruppen vorkommen. Diese Überlappung präsentiert 12 annotierte Gene und 6 Transkripte, die bisher keine bekannte Funktion aufweisen. Im Folgenden sollte die Fraktion der Gene gefunden werden, die kooperativ durch TGFβ und GW501516 reguliert werden. Hierzu wurden die Sonden identifiziert, die einen Unterschied (≥50%) in der Signalintensität nach Behandlung mit TGFβ2 plus GW501516 verglichen mit den Behandlungen der einzelnen Liganden aufweisen (Abbildung 4.3b). Mit dieser Analyse konnten 165 Sonden (34 annotierte Gene und 124 Transkripte mit unbekannten Funktionen) gefunden werden, die durch beide Liganden induziert werden. Nur 3 Sonden zeigen eine koregulierte Repression. Diese Anzahl an kooperativ induzierten Genen ist eindeutig größer als die Überlappung von Genen in Abbildung 4.3a (18 Gene, 20 Sonden), was impliziert, dass 140 dieser Gene nicht auf einen einzelnen Liganden (TGFβ2 oder GW501516) reagieren.

Um ein genaueres Bild der beobachteten kooperativen Effekte zu erhalten, wurde die experimentell gemessene Kooperativität der einzelnen Sonden gegen den errechneten kooperativen Effekt aufgetragen. Diese errechnete Kooperation wird als additiv angenommen und leitet sich aus den experimentell gemessenen Einzelinduktionen beider Liganden ab. Die Daten in Abbildung 4.3c zeigen, dass durch die Behandlung mit beiden Liganden für 3,2% der Sonden (n=200, ≥50%, Datenpunkte oberhalb der schattierten Fläche in Abbildung 4.3c) eine mehr als additive Induktion existiert. Desweiteren weisen 0,1% aller Sonden (n=4) eine Repression durch beide Liganden auf, die über den additiven Effekt hinaus geht. Diese Beobachtung deutet klar auf einen *cross-talk* zwischen den beiden Signalwegen hin.

Die kooperative Induktion von fünf Genen, die durch die *Microarray*-Analyse entdeckt wurden, sollte im Folgenden mittels RT-qPCR bestätigt werden (*ANGPTL4* kodierend für Angiopoietin-like 4, *THBS1* kodierend für Thrombospondin-1, *CYP24A1* kodierend für Cytochrom P450 24A1, *LIPG* kodierend für die endotheliale Lipase G sowie *ABCA1* kodierend für das „*cholesterol efflux regulating ATP-binding cassette sub-family A protein*"). Wie in der Abbildung 4.4 dargestellt, ist die kooperative Induktion durch TGFβ2 und GW501516 für jedes dieser Gene höher als additiv (98% höher als additiv für *ANGPTL4*, 48% für *THBS1*, 363% für *CYP24A1*, 46% für *LIPG* und 10% für *ABCA1*). Im Gegensatz hierzu werden die Gene *PAI1* und *PDGFA*, als bekannte TGFβ-Zielgene, selektiv durch TGFβ2 induziert, während *ADRP* und *SLC25A20* nur auf die GW-

Behandlung reagieren. Neben einer starken Induktion (>20-fach) ist ein deutlicher, synergistischer Effekt durch Behandlung mit beiden Liganden für das Gen *ANGPTL4* zu beobachten (repräsentiert durch zwei Sonden auf dem *Array*, eingekreiste Datenpunkte in Abbildung 4.3c). Aus diesem Grund wurde der Fokus für die folgenden Studien auf die Regulation dieses Gens gelegt.

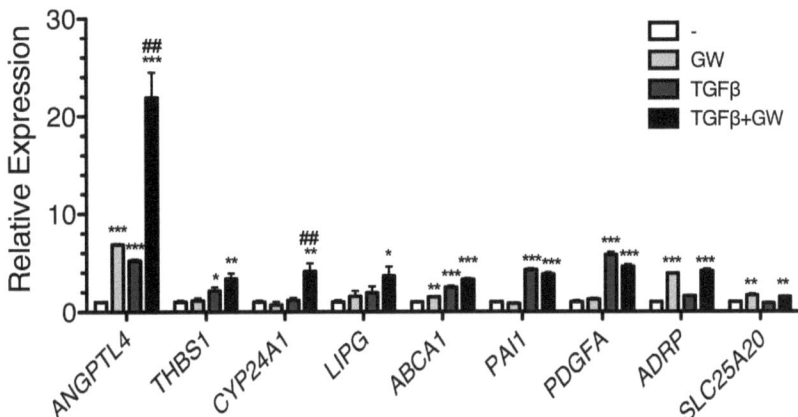

Abb. 4.4 Transkriptionelle Aktivierung repräsentativer PPARβ/δ und TGFβ-Zielgene. WPMY-1 Zellen wurden mit den angegebenen Liganden (0,3 µM GW501516, 10 ng/ml TGFβ oder beiden) bzw. dem Lösungsmittel für 6 h behandelt. Die relative Expression von *ANGPTL4, THBS1, CYP24A1, LIPG, ABCA1, PAI1, PDGFA, ADRP* und *SLC25A20* wurde mittels RT-qPCR ermittelt. ***$p<0,001$, **$p<0,01$, *$p<0,05$ signifikanter Unterschied zur unbehandelten Probe (t-Test), ##$p<0,01$ Induktion durch beide Liganden ist signifikant höher als Induktion durch alleinige Liganden-Behandlung (t-Test, Bonferroni-Korrektur).

4.3 Regulation von *ANGPTL4* durch PPARβ/δ und TGFβ

Mithilfe der *Microarray*-Analyse konnten Gene identifiziert werden, die sowohl durch den TGFβ-Signalweg als auch durch den Kernrezeptor PPARβ/δ reguliert werden. Ein Ziel dieser Arbeit war die detaillierte Aufklärung der Zusammenarbeit beider Faktoren bei der Aktivierung der Transkription des *ANGPTL4*-Gens. Anhand dieses Beispiels sollten Mechanismen der Kooperation bei der transkriptionellen Regulation identifiziert werden. Deshalb wird im Folgenden näher auf die Aktivierung dieses Gens durch TGFβ und PPARβ/δ eingegangen.

4.3.1 Einfluss von TGFβ und PPAR-Agonisten auf die Expression von *ANGPTL4*

Während die PPARβ/δ-abhängige Regulation des *ANGPTL4*-Gens bereits seit längerem bekannt ist (Mandard, Zandbergen et al. 2004), wurde die TGFβ-vermittelte Aktivierung von *ANGPTL4* in dieser Arbeit entdeckt und während der experimentellen Phase von Padua und Kollegen 2008 publiziert (Padua, Zhang et al. 2008). Um den Einfluss von TGFβ auf *ANGPTL4* weiterführend zu untersuchen, wurden Zelltypen verschiedener Spezies mit 10 ng/ml TGFβ2 behandelt. Nach der RNA-Isolierung und cDNA-Synthese wurde die relative Expression von *ANGPTL4* per RT-qPCR ermittelt. Wie in Abbildung 4.5a zu sehen ist, führt die Behandlung mit TGFβ2 nur in humanen und bovinen Zellsystemen zu einem signifikanten Anstieg der *ANGPTL4*-Expression. In verschiedenen murinen Zelltypen (2-H11: Endothelzelllinie; NIH3T3 und 3F1: Fibroblastenlinien) ist keine TGFβ2-vermittelte Induktion zu beobachten, während die Expression eines anderen Zielgens (*Id3*) in diesen Zellen durch TGFβ2 reguliert wird (Daten nicht gezeigt).

In einem weiteren Experiment konnte gezeigt werden, dass die Aktivierung der *ANGPTL4*-Expression im gleichen Maße sowohl durch TGFβ2 als auch durch die Hauptisoform TGFβ1 erzielt wird. Desweiteren ergab eine Titration der Konzentration, dass es keinen Unterschied bei der *ANGPTL4*-Aktivierung zwischen 10 ng/ml und 2 ng/ml TGFβ gibt (Daten nicht gezeigt) und somit dosisabhängige Effekte ausgeschlossen werden können. Um Zelltyp-spezifische Effekte auszuschließen, wurde die kooperative Aktivierung von *ANGPTL4* durch TGFβ und GW501516 in verschiedenen humanen Zelltypen untersucht. Hierzu wurden die Zellen WPMY-1 sowie HUVEC und HaCaT Zellen mit 0,3 µM GW501516 (GW), 10 ng/ml TGFβ2 oder beiden für 6 h behandelt, die relative Expression von *ANGPTL4* wurde mittels RT-qPCR analysiert. In allen getesteten Zelltypen (WPMY-1-Myofibroblasten, HUVEC-Endothelzellen, HaCaT-Keratinozyten) ist neben der TGFβ-vermittelten Induktion ebenfalls eine GW-vermittelte Induktion sichtbar. Werden beide Liganden parallel gegeben, kommt es zur kooperativen Aktivierung der *ANGPTL4*-Expression, welche in allen Zelltypen über die additiven Effekte hinaus geht (WPMY-1: 168% höher als additiv, HUVEC: 54%, HaCaT: 208%; Abb. 4.5b). Um die Frage zu klären, ob die kooperative Aktivierung mit TGFβ spezifisch für den Subtyp PPARβ/δ ist, wurden neben GW501516 auch der PPARα-spezifische Ligand GW7647 und der PPARγspezifische Ligand GW1929 eingesetzt (alle 0,3 µM). WPMY-1 Zellen wurden für 6 h mit den angegebenen Liganden und 10 ng/ml TGFβ2 bzw. deren Kombination stimuliert. In Abbildung 4.5c ist die relative Expression von *ANGPTL4*, welche per RT-qPCR gemessen wurde, dargestellt. Alle drei PPAR-subtypspezifischen Liganden führen zu einer Induktion der *ANGPTL4*-Expression und im Zusammenspiel mit TGFβ2 zu einer kooperativen Aktivierung. Anzumerken ist, dass der PPARβ/δ-spezifische Ligand GW501516 im Vergleich zu den anderen die stärkste Induktion sowohl allein als auch in Kombination mit TGFβ2 aufweist.

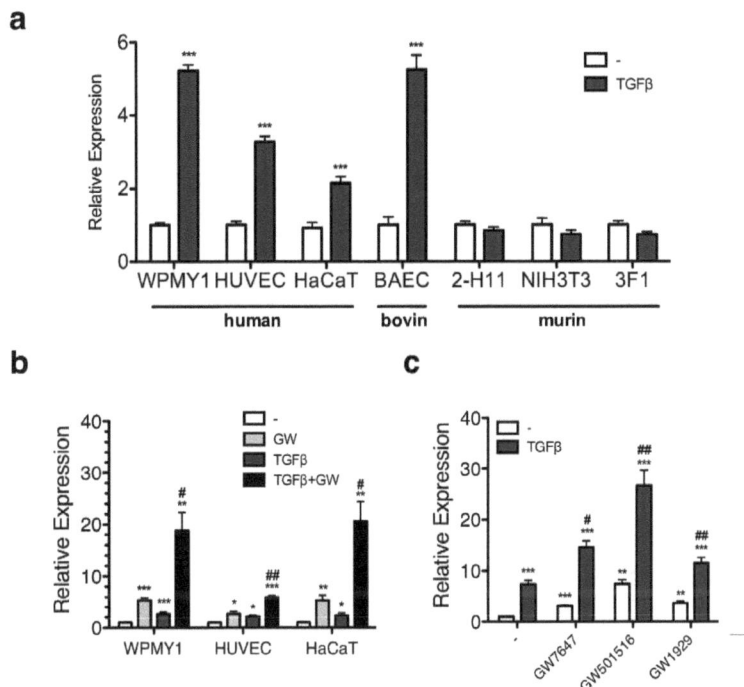

Abb 4.5 Kooperative Aktivierung von *ANGPTL4* durch PPAR-Liganden und TGFβ in humanen Zelltypen a) Humane, bovine und murine Zelltypen wurden für 6 h mit 10 ng/ml TGFβ2 oder dem Lösungsmittel behandelt. Die relative Expression von *ANGPTL4* wurde mittels RT-qPCR gemessen. b) Verschiedene humane Zelltypen wurden mit den angegebenen Liganden (0,3 µM GW501516, 10 ng/ml TGFβ2 oder beiden) bzw. dem Lösungsmittel für 6 h behandelt und die relative Expression von *ANGPTL4* mittels RT-qPCR gemessen. c) WPMY-1 Zellen wurden für 6 h mit subtyp-spezifischen Liganden (GW7647, PPARα; GW501516, PPARβ; GW1929, PPARγ) und 10 ng/mL TGFβ2 behandelt. Dargestellt ist die relative Expression von *ANGPTL4*. ***$p<0,001$, **$p<0,01$,*$p<0,05$ signifikanter Unterschied zur unbehandelten Probe (t-Test, Bonferroni-Korrektur), ##$p<0,01$, #$p<0,05$ Induktion durch beide Liganden ist signifikant höher als Induktion durch alleinige Liganden-Behandlung (t-Test, Bonferroni-Korrektur)

Diverse Versuche der Arbeitsgruppe konnten zeigen, dass die *ANGPTL4*-Expression stark von der Anwesenheit von Ko-Repressoren abhängig ist (siehe auch Kapitel 4.1.3.2). Um zu überprüfen, ob die Regulation durch derartige oder andere möglicherweise kurzlebige Faktoren vermittelt wird und um eine indirekte Regulation auszuschließen, wurde die Induktion der *ANGPTL4*-Expression durch TGFβ und PPARβ/δ unter Hemmung der Proteinbiosynthese beobachtet. Hierzu wurden WPMY-1 Zellen nach einstündiger Vorinkubation mit dem Translationshemmer Cycloheximid (30 µM) zusätzlich für 3 h mit 0,3 µM GW501516, 2 ng/ml TGFβ2 oder beiden behandelt. Die relative Expression von *ANGPTL4* wurde mittels RT-qPCR ermittelt. Zur Überprüfung der Wirksamkeit von Cycloheximid wurde zusätzlich die Expression von kurzlebigen Transkripten wie dem von *c-MYC* analysiert, deren mRNA-Expression nach Translationsblock signifikant ansteigen (Daten nicht gezeigt) (Fields, Desiderio et al. 2001). Wie in Abbildung 4.6a zu erkennen ist, steigt die basale *ANGPTL4*-Expression unter Cycloheximid-Behandlung deutlich an (2-fach). Im Vergleich zu den Kontrollzellen kommt es zu einer drastisch reduzierten Induktion von *ANGPTL4* durch GW und TGFβ2. Im Gegensatz dazu wird *ANGPTL4* trotz Hemmung der Proteinexpression kooperativ durch TGFβ und PPARβ/δ aktiviert (4,4-fach). Der kooperative Effekt vergrößert sich dabei sogar von 42% höher als additiv auf 250%.

In einem weiteren Experiment wurde der direkte Einfluss der beiden Liganden TGFβ und GW auf die Aktivierung der *ANGPTL4*-Transkription verifiziert werden (Abb. 4.6b). Chromatin-Immunpräzipitationen mit einem Antikörper spezifisch gegen die RNA-Polymerase II (PolII) oder einem unspezifischen IgG-Pool zeigen eine Rekrutierung der RNA-Polymerase II im Bereich +3500 bp relativ zum Transkriptionsstart des *ANGPTL4*-Gens nach einer Stunde TGFβ2- oder GW-Behandlung (TGFβ: 1,5-fach und GW: 2-fach). Die Zugabe beider Liganden führt zu einer deutlich gesteigerten Anreicherung der RNA-Polymerase II (4,7-fach) im Vergleich zu den unbehandelten Zellen. Wie bei den Expressionsanalysen geht das Zusammenwirken von TGFβ und PPARβ/δ über einen additiven Effekt hinaus und kann als kooperativ beschrieben werden. Die ChIP-Experimente wurden von Till Adhikary durchgeführt.

Ergebnisse

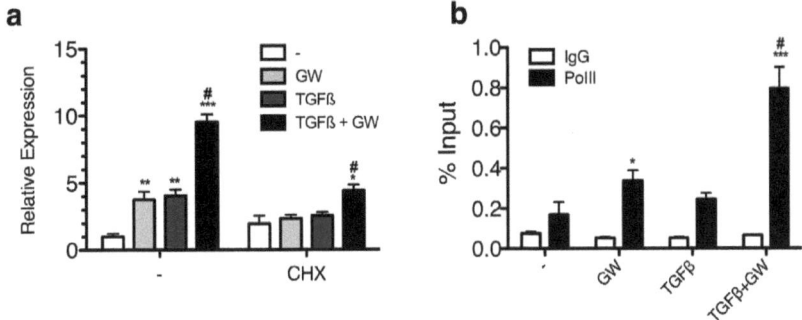

Abb. 4.6 Kooperative Aktivierung der *ANGPTL4*-Expression durch Verstärkung der Transkription. a) WPMY-1 Zellen wurden für 1 h mit dem Translationsblocker Cycloheximid (30 µM) vorinkubiert und dann für weitere 3 h mit den angegebenen Liganden (0,3 µM GW501516 (GW), 2 ng/ml TGFβ2 oder beiden) bzw. dem Lösungsmittel behandelt. Die relative Expression von *ANGPTL4* wurde mittels RT-qPCR ermittelt. **b)** Nach der Behandlung von WPMY-1 Zellen mit 0,3 µM GW501516 (GW), 2 ng/ml TGFβ2 oder beiden für 1 h wurde eine Chromatin-Immunpräzipation mit Antikörpern gegen die RNA-Polymerase II (PolII) oder mit einem unspezifischen IgG- Pool durchgeführt. Das genomische DNA-Fragment bei +3500 bp relativ zum Transkriptionsstart von *ANGPTL4* wurde mittels RT-qPCR amplifiziert. Dargestellt sind die Signale relativ zu 1% der Input- DNA. Die ChIP-Analyse wurde von Till Adhikary durchgeführt. ***p<0,001, **p<0,01,*p<0,05 signifikanter Unterschied zur unbehandelten Probe (t-Test), #p<0,05 Induktion durch beide Liganden ist signifikant höher als Induktion durch alleinige Liganden-Behandlung (t-Test, Bonferroni-Korrektur).

Nachdem gezeigt werden konnte, dass die kooperative Aktivierung der *ANGPTL4*-Transkription durch TGFβ und PPARs ein generelles Phänomen in humanen Zelltypen ist, sollten die hierfür grundlegenden Mechanismen genauer aufgeklärt werden. Hierzu wurde zunächst die transkriptionelle Regulation beider Signalwege getrennt voneinander betrachtet.

Im folgenden Kapitel sollte daher auf die Frage eingegangen werden, wie PPARβ/δ die *ANGPTL4*-Expression aktiviert.

4.3.2 Analyse der PPARβ/δ-abhängigen Regulation

4.3.2.1 Einfluss spezifischer PPARβ/δ-Depletion auf die Aktivierung von *ANGPTL4*

Als erstes wurde zur Überprüfung der Spezifität des synthetischen Liganden GW501516 PPARβ/δ gezielt mittels siRNA-Technologie in WPMY-1 Zellen depletiert. Im Anschluss erfolgte die Stimulation mit den Liganden GW501516 (0,3 µM), TGFβ2 (2 ng/mL) oder beiden für 6 h. Nach der RNA-Isolierung und cDNA-Synthese wurde die relative Expression von *ANGPTL4* per RT-qPCR ermittelt. Wie in Abbildung 4.7 zu sehen ist, führt die Abwesenheit von PPARβ/δ zum einen zu einem Anstieg der basalen *ANGPTL4*-Expression (3-fach) und zum anderen zu einer stark beeinträchtigten Induktion der *ANGPTL4*-Expression unter GW501516-Behandlung. Die TGFβ-vermittelte Induktion bleibt hingegen unverändert. Die erfolgreiche PPARβ/δ-Depletion wurde ebenfalls mittels RT-qPCR analysiert und bestätigt (70%ige Reduktion, Daten nicht gezeigt).

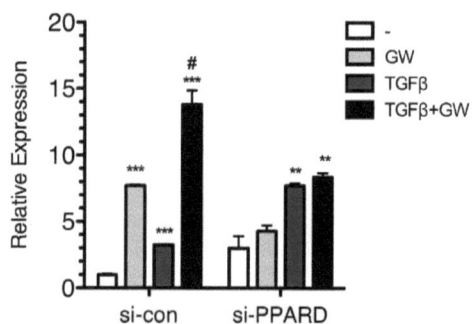

Abb. 4.7 Aktivierung von *ANGPTL4* durch GW und TGFβ nach PPARβ/δ-Depletion. Nach der Transfektion von siRNA gegen *PPARD* oder einer Kontroll-siRNA (si-con) wurden WPMY-1 Zellen mit 0,3 µM GW501516 (GW), 2 ng/mL TGFβ2 oder beiden für 6 h behandelt. Dargestellt ist die relative Expression von *ANGPTL4*, die durch RT-qPCR ermittelt wurde. ***p<0,001, **p<0,01 signifikanter Unterschied zur unbehandelten Probe (t-Test), ##p<0,01, #p<0,05 Induktion durch beide Liganden ist signifikant höher als Induktion durch alleinige Liganden-Behandlung (t-Test, Bonferroni-Korrektur).

4.3.2.2 *In vitro* Bindungsanalyse putativer PPREs mittels EMSA

Nachdem gezeigt werden konnte, dass die GW501516-vermittelte Induktion der *ANGPTL4*-Expression abhängig von PPARβ/δ ist, sollte der dafür verantwortliche *Enhancer*-Bereich identifiziert werden. Mandard und Kollegen beschrieben bereits 2004 ein funktionelles PPRE, welches im Intron 3 des humanen *ANGPTL4*-Gens liegt. Auch unsere Arbeitsgruppe konnte mithilfe von ChIP-basierter Analyse des *ANGPTL4*-Lokus die Bindung von PPARβ/δ in diesem Bereich (+3500 bp relativ zum Transkriptionsstart (TS)) validieren (Abb. 4.8a). Bei näherer Betrachtung der Bindungsregion wird jedoch zusätzlich deutlich, dass dieser Bereich einen breiteren *peak* aufweist als die Bindungsregion eines anderen PPARβ/δ-Zielgens *CPT1a* (Abb. 4.8b, Auszug aus ChIP-Sequenzierung). Übereinstimmend mit dieser Beobachtung führte die *in silico* Analyse des Bereichs +3000 bis +4000 bp relativ zum TS zur Identifizierung von zwei weiteren putativen PPREs (siehe Abb. 4.8c) zu dem bereits publizierten (PPRE3). Alle drei PPREs befinden sich in unmittelbarer Nähe zueinander. Die Sequenz der einzelnen PPREs weichen unterschiedlich stark von der Konsensus-Sequenz 5'-AGGTCA N AGGTCA-3' ab (Palmer, Hsu et al. 1995; Heinäniemi, Uski et al. 2007).

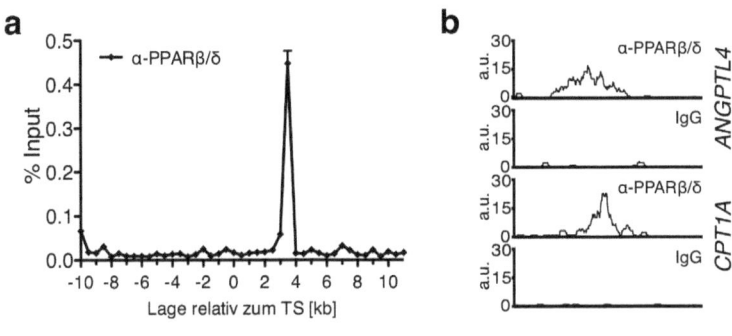

Abb. 4.8 Identifizierung von zwei putativen PPREs des *ANGPTL4*-Enhancers im Intron 3. a) ChIP-basierte Analyse des ANGPTL4-Lokus auf PPARβ/δ Bindung. Nach der Immunpräzipitation des Chromatins von GW501516-behandelten WPMY-1 Zellen (1 h, 0,3 µM) mit PPARβ/δ-spezifischem Antikörper wurden die genomischen Fragmente mit Primerpaaren amplifiziert, die in einem Abstand von ca. 500 bp nebeneinander liegen und den Lokus von -10 kb bis +10,5 kb relativ zum Transkriptionsstart (TS) umfassen. b) Auszug aus einer ChIP-Sequenzierung in WPMY-1 Zellen mit PPARβ/δ-spezifischem Antikörper und einem unspezifischen IgG-Pool. Die genomischen Regionen um die *ANGPTL4*-PPREs und um das einzelne *CPT1a*-PPRE werden gezeigt. c) Sequenzen der *in silico* identifizierten PPREs (PPRE1+2), des von Mandard und Kollegen 2004 publizierten PPRE (PPRE3) und des Konsensus-PPRE. Die Abbildungen a) und b) stammen aus Experimenten von Till Adhikary.

Zur Überprüfung der identifzierten PPREs wurde als erstes die *in vitro* Bindungsfähigkeit von PPARβ/δ/ RXRα-Heterodimeren mithilfe eines *Electrophoretic Mobility Shift Assays* (EMSA) getestet. Wie in Abbildung 4.9 zu sehen ist, kommt es ausschließlich zu einer verzögerten elektrophoretischen Mobilität (*Shift*) der radioaktiv-markierten Oligonukleotide bei der Inkubation mit beiden Kernrezeptoren. Weder PPARβ/δ noch RXRα allein führen zu einer Veränderung der Laufeigenschaft der Oligonukleotide durch Bindung. Desweiteren ist festzustellen, dass alle drei PPRE-Sequenzen im gleichen Maße *in vitro* Bindung der PPARβ/δ:RXRα-Heterodimere zeigen.

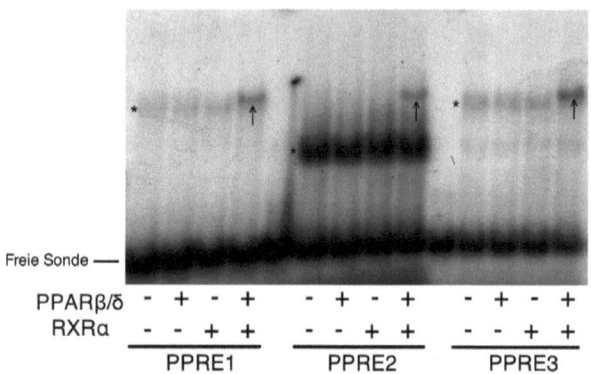

Abb. 4.9 *In vitro* **Bindung von PPARβ/δ:RXRα Heterodimeren an drei PPREs des *ANGPTL4*-Enhancers.** Nach der *in silico* Identifizierung von zwei putativen PPRE-Sequenzen wurden diese mittels EMSA auf *in vitro* Bindung von rekombinanten PPARβ/δ:RXRα Heterodimeren überprüft. Als positive Kontrolle wurde das bereits von Mandard und Kollegen 2004 publizierte PPRE (PPRE3) benutzt. Pfeile markieren einen spezifischen *shift*, * unspezifische Bande.

4.3.2.3 Funktionelle Analyse putativer PPREs mittels Luziferase-Reporter-Assay

Die *in vitro* getesteten PPRE-Sequenzen sollten im Anschluss auf ihre Funktionalität im Zellsystem überprüft werden. Hierzu wurden 36 bp kurze Oligonukleotide, die die entsprechenden PPRE-Sequenzen enthalten in den Luziferase-Reporter-Vektor pGL3-Tatal kloniert (Klonierungsstrategie s. *3.2.1.16*). WPMY-1 Zellen wurden mit den drei hergestellten Reporter-Plasmiden (PPRE1, PPRE2, PPRE3), den Expressionsplasmiden für PPARβ/δ und RXRα oder Leervektor transfiziert und für 48 h mit Lösungsmittel oder 0,3 µM GW501516 behandelt. Die relative Luziferase-Aktivität wurde mittels Luziferase-Assay ermittelt.

Abbildung 4.10 zeigt die funktionelle Analyse der drei PPREs des PPAR-*Enhancers* im Intron 3 des *ANGPTL4*-Gens. Alle drei Reporter-Konstrukte reagieren auf Ko-Expression von PPARβ/δ und RXRα mit einem Anstieg der basalen Luziferase-Aktivität. Zusätzlich ist festzustellen, dass alle drei PPRE-gesteuerten Reporter eine GW-vermittelte Induktion der Luziferase-Aktivität zeigen. Dennoch unterscheiden sich die drei PPRE-Sequenzen in ihren Auswirkungen auf die Luziferase-Aktivität. Die deutlich stärkste Aktivierung durch Ko-Expression von PPARβ/δ und RXRα sowie durch GW501516-Behandlung weist das PPRE2-enthaltende Reporterplasmid auf. Das *in silico* identifizierte PPRE1 zeigt hingegen eine schwache Aktivierung und verhält sich ähnlich dem von Mandard und Kollegen 2004 beschriebenen PPRE3.

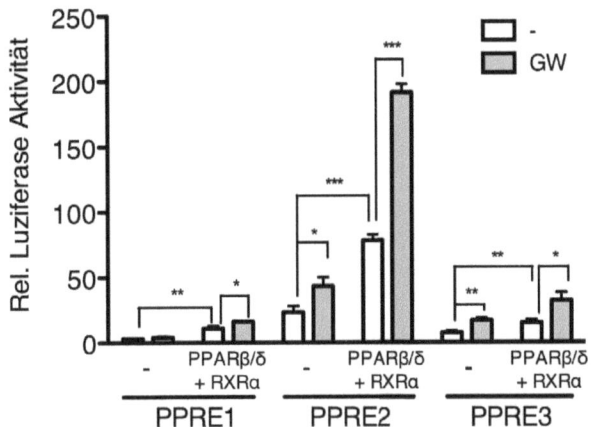

Abb. 4.10 Funktionelle Analyse der drei PPREs des *ANGPTL4*-PPAR-Enhancers. Luziferase-Reporter-Assays mit Vektoren, die jeweils eines der drei putativen PPRE-Sequenzen enthalten. Zusätzlich wurden die WPMY-1 Zellen entweder mit Expressionsplasmiden für PPARβ/δ und RXRα oder Leervektor transfiziert. Die relative Luziferaseaktivität wurde 48 h nach der Transfektion ermittelt.***p<0,001, **p<0,01,*p<0,05 signifikanter Unterschied zur unbehandelten Probe (t-Test, Bonferroni-Korrektur).

Die funktionelle Analyse der drei PPREs des *ANGPTL4*-PPAR-Enhancers zeigt einen Unterschied in der PPARβ/δ- und RXRα-abhängigen Aktivierung zwischen den verschiedenen PPREs. Der PPRE2-gesteuerte Reporter zeigt eine höhere Basalaktivität und reagiert deutlich stärker auf die exogene Expression von PPARβ/δ und RXRα im Vergleich zu PPRE1 und 3. In einem weiteren Experiment sollte die Abhängigkeit von PPARβ/δ und RXRα beispielhaft am PPRE2 und PPRE3 getestet werden. Hierzu wurden neben der Transfektion der Reporterplasmide (PPRE2, PPRE3) PPARβ/δ und RXRα allein oder parallel koexprimiert. Zusätzlich wurden die WPMY-1 Zellen mit den spezifischen Liganden GW501516 (PPARβ/δ) und 9-*cis* Retinsäure (9-*cis* RA) (RXRα) für 48 h stimuliert. Die in Abbildung 4.11 dargestellte relative Induktion wurde per Luziferase-Assay ermittelt.

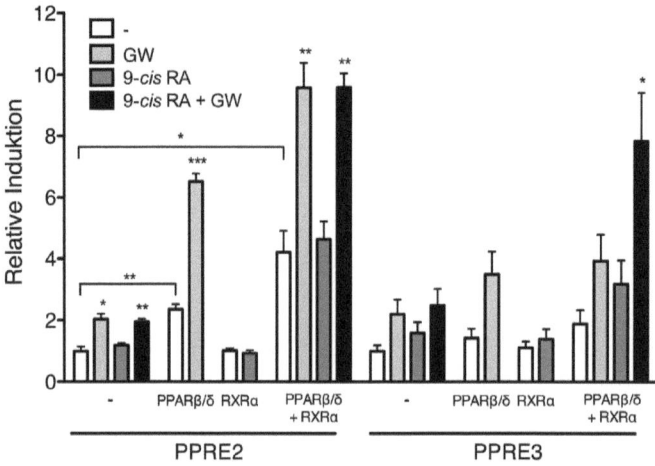

Abb. 4.11 Vergleich der PPARβ/δ- und RXRα-abhängigen Reporteraktivität (PPRE2+3).
WPMY-1 Zellen wurden mit den PPRE2 und PPRE3 enthaltenen Reporterplasmiden und den Expressionsplasmiden für PPARβ/δ und RXRα bzw. Leervektor transfiziert. Nach 48-stündiger Behandlung mit GW501516 (0,3 µM), 9-*cis* RA (0,3 µM) oder beiden wurde die relative Induktion mittels Luziferase-Assay ermittelt. **p<0,001*p<0,05 signifikanter Unterschied zur unbehandelten Probe (t-Test)

Beide PPRE-Reporter werden grundsätzlich ohne Überexpression von PPARβ/δ und RXRα durch GW501516 aktiviert. Im Gegensatz zum PPRE2 führt jedoch auch die Behandlung mit 9-*cis* RA beim PPRE3-Reporter zu einer schwachen Aktivierung (1,6-fach). Die exogene Expression von PPARβ/δ resultiert im Fall des PPRE2 in einer signifikant induzierten Luziferase-Aktivität (2,4-fach). Im Fall des PPRE3-gesteuerten Reporters bleibt die Aktivität trotz PPARβ/δ-Überexpression konstant. Die Behandlung mit GW501516 führt in dieser Situation in beiden PPRE-Reportern zu einer etwa vergleichbaren Induktion (PPRE2: 2,7-fach; PPRE3: 2,3-fach). Weder die Überexpression von RXRα noch die Stimulation mit dem dazugehörigen Liganden (9-*cis* RA) zeigen einen Effekt auf die Luziferase-Aktivität beider PPRE-gesteuerten Reporter. Einen wesentlichen Unterschied weisen das PPRE2 und PPRE3 bei der parallelen Koexpression von PPARβ/δ und RXRα auf. Der PPRE2-Reporter zeigt einen signifikanten Anstieg der Luziferase-Aktivität (4,2-fach), der den alleinigen Effekt durch PPARβ/δ-Überexpression übersteigt. Desweiteren ist eine GW-vermittelte Induktion sichtbar, die durch 9-*cis* RA nicht verstärkt wird. Dementsprechend hat auch die alleinige Behandlung mit 9-*cis* RA keinen Effekt. Anders verhält sich der PPRE3-gesteuerte Reporter. Die Aktivität steigt durch die parallele Expression von PPARβ/δ und RXRα nur geringfügig (1,9-fach), lässt sich aber durch GW501516 und 9-*cis* RA gleichermaßen induzieren (2-fach vs. 1,7-fach). Die Stimulation mit beiden Liganden führt hierbei im Gegensatz zum PPRE2 zu einer signifikanten kooperativen Aktivierung (4,1-fach).

Zusammenfassend ist festzuhalten, dass mithilfe von *in vitro* Bindungsassays und Luziferase-Reporter-Assays drei funktionelle PPREs im Intron 3 des *ANGPTL4*-Lokus gefunden und bestätigt wurden. Desweiteren konnte unsere Arbeitsgruppe verschiedene Ko-Faktoren, die an der PPARβ/δ-abhängigen Regulation beteiligt sind, in diesem genomischen Bereich nachweisen (Versuche von Till Adhikary und Anne Grahovac). So führt die einstündige Behandlung von WPMY-1 Zellen mit GW501516 (0,3 µM) zum einen zu einer Anreicherung von Ko-Aktivatoren (CBP/p300), zum anderen zu einer Verringerung der Bindung des Ko-Repressors SMRT (Daten nicht gezeigt).
Wie bereits erwähnt, ist über die transkriptionelle Regulation von *ANGPTL4* durch TGFβ derzeit sehr wenig bekannt. Umso wichtiger war die Analyse der hierbei beteiligten Transkriptionsfaktoren. In den folgenden Experimenten sollte auf diese Fragestellung genauer eingegangen werden.

4.3.3 Analyse der TGFβ-abhängigen Regulation

4.3.3.1 Identifizierung des TGFβ-*Enhancer*-Bereichs

Die Auswirkungen von TGFβ sind sehr komplex und können verschiedene Signalwege einschließen. Um die TGFβ-vermittelte Aktivierung der *ANGPTL4*-Expression besser zu verstehen, wurde in einem primären Experiment, die Abhängigkeit des TGFβ-Rezeptor I (TGFβRI, ALK) getestet. Der klassische TGFβ-Signalweg beginnt mit der Bindung des TGFβ-Dimers an seinen Rezeptor TGFβRII. Nach Ligandenbindung kommt es zur Heterodimerisierung mit dem Rezeptor TGFβRI, was zu einer kreuzreaktiven Phosphorylierung und vollständigen Aktivierung beider Partner führt. Nur durch diesen Schritt kann die nachfolgende Aktivierung und die anschließende Kernlokalisation der R-SMADs (SMAD2/3/1/5) gewährleistet werden (Massague 2000). Mithilfe der Substanz

SB431542 können drei verschiedene Typen des TGFβRI gehemmt werden: ALK4, 5 und 7, die die Hauptantwort von TGFβ steuern. WPMY-1 Zellen wurden 24 h mit diesem Inhibitor (10 µM) vorinkubiert und für weitere 6 h mit 0,3 µM GW501516, 10 ng/ml TGFβ2 oder beiden behandelt. Nach der RNA-Isolierung und cDNA-Synthese wurde die relative Expression von *ANGPTL4* per RT-qPCR ermittelt.

Wie in Abbildung 4.12a zu sehen ist, führt die Inhibition des TGFβR1 (ALK1/4/5) zu einem kompletten Verlust der TGFβ-vermittelten Aktivierung der *ANGPTL4*-Expression, während die Induktion durch GW unbeeinflusst bleibt.

In einem weiteren Experiment sollte die Rolle der SMADs bei der Regulation von *ANGPTL4* geklärt werden. Hierzu wurde zunächst nach einstündiger TGFβ2-Behandlung der *ANGPTL4*-Lokus nach Chromatin-Immunpräzipitationen mittels 42 nebeneinander liegenden Primerpaaren auf SMAD3-Bindung hin untersucht. Wie oben beschrieben, führt die Bindung von TGFβ an seine Rezeptoren zur Kernlokalisation von R-SMADs, welche dann zusammen mit SMAD4 aktiv Gene regulieren. Im Fall des *ANGPTL4*-Lokus konnte eine Anreicherung von mehreren genomischen Regionen nach TGFβ2-Gabe detektiert werden, wobei drei auffällige Bindungsregionen auftraten (Region A= -9000 bp bis -8000 bp relativ zum TS, Region B= -2000 bp bis -1500 bp relativ zum TS und PPAR-E (PPAR-Enhancer)= +3000 bp bis +4000 bp relativ zum TS, Abbildung 4.12b). Der genomische Bereich dieser drei verschiedenen Regionen wurde für weitere Untersuchungen in den Luziferase-Vektor pGL3-Tatal inseriert und auf TGFβ-vermittelte Induktion der Luziferase-Aktivität überprüft. Die relative Induktion zum Basalwert ist in Abbildung 4.12b zu erkennen. Es wird deutlich, dass nur die Region A (-9000 bp bis -8000 bp relativ zum TS) des *ANGPTL4*-Lokus zu einer signifikanten Induktion (2,1-fach) durch TGFβ-Behandlung führt.

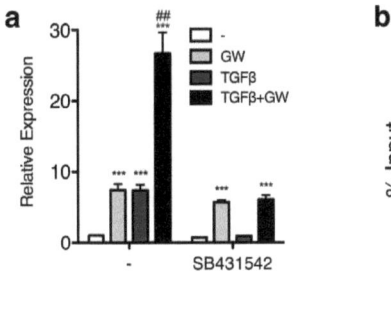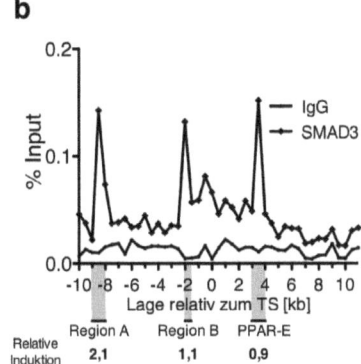

Abb. 4.12 Identifizierung des TGFβ-*Enhancer*-Bereichs des *ANGPTL4*-Gens. a) WPMY-1 Zellen wurden für 24 h mit dem ALK1/4/5- Inhibitor SB431542 (10 μM) vorinkubiert und dann für weitere 6 h mit den angegeben Liganden (0,3 μM GW501515 (GW), 10 ng/ml TGFβ2 oder beiden) bzw. dem Lösungsmittel behandelt. Die relative Expression von *ANGPTL4* wurde mittels RT-qPCR gemessen. **b)** ChIP-basierte Analyse des *ANGPTL4*-Lokus nach SMAD3-Bindung (wie in Abb. 8). WPMY-1 Zellen wurden 1 h mit 2ng/ml TGFβ2 behandelt. Immunpräzipitationen wurden mit Antikörpern gegen SMAD3 oder IgG-Pool durchgeführt. Die drei angegebenen genomischen Bereiche wurden in Luziferase-Reporter-Vektoren kloniert und auf die TGFβ-Induktion (2 ng/mL TGFβ2) überprüft. 48 h nach der Transfektion wurde die relative Luziferase Aktivität gemessen und die relative Induktion zum Basalwert errechnet (relative Induktion). Die ChIP-Experimente wurden von Till Adhikary durchgeführt und freundlicherweise zur Verfügung gestellt. ***$p<0,001$ signifikanter Unterschied zur unbehandelten Probe (t-Test), ##$p<0,01$ Induktion durch beide Liganden ist signifikant höher als Induktion durch alleinige Liganden-Behandlung (t-Test, Bonferroni-Korrektur).

Neben SMAD3 wurde die Bindung von SMAD2 und SMAD4 an den *ANGPTL4*-Lokus untersucht. In beiden Fällen konnte ebenfalls eine Bindung in der Region A nachgewiesen werden (unveröffentlichte Daten Till Adhikary). Interessanterweise wird im Vergleich zu SMAD2 und SMAD3 die SMAD4-Bindung nicht durch Anwesenheit von TGFβ erhöht. Die Daten aus der Chromatin-Immunpräzipitation stammen von Till Adhikary.

Ein Vergleich der genomischen Region A zwischen verschiedenen Spezies zeigt zum einen eine starke Konservierung zwischen Mensch, Rind, Pferd, Delphin und vielen anderen Vertebraten. Zum anderen gibt es eine erhebliche Abweichung zur korrespondierenden Sequenz in Mäusen, wo diese konservierte Region fast vollständig fehlt (Daten nicht gezeigt). Dies steht im Zusammenhang mit den Ergebnissen aus Abbildung 4.5a. Hier zeigen drei verschiedene murine Zelllinien keine TGFβ-vermittelte Induktion der *ANGPTL4*-Expression.

Wie die vorangegangenen Experimente zeigen, befindet sich der für die TGFβ-vermittelte

Ergebnisse

Induktion verantwortliche *Enhancer* in einer genomischen Region stromaufwärts vom TS des *ANGPTL4*-Gens. Um diesen ca. 1000 bp langen Bereich einzugrenzen, wurden verschiedene Deletionsmutanten konstruiert, die in Abbildung 4.13a dargestellt sind. Alle beruhen auf Insertion des angegebenen genomischen Bereichs in den Vektor pGL3-Tatal (siehe Kapitel *3.2.1.16)*. Mittels Reporter-Assays sollte die TGFβ-vermittelte Induktion der Luziferase-Aktivität getestet werden. Wie Abbildung 4.13a zeigt, ist grundlegend festzustellen, dass sich der minimale Bereich, der zur Induktion der Luziferase-Aktivität durch TGFβ notwendig ist, von -8401 bp bis -8170 bp relativ zum TS erstreckt. Das Konstrukt ANGPTL4(-8401/-8170) zeigt im Vergleich zum deutlich längeren ANGPTL4(-8607/-8133) eine ähnliche relative Induktion zum Basalwert (3,7-fach vs. 3,5-fach, respektive). Bei Verkürzung des minimal-responsiven Bereichs kommt es zum kompletten Verlust der TGFβ-vermittelten Induktion (siehe ANGPTL4(-8206/-8170)). Desweiteren ist zu beobachten, dass die absolute Luziferase-Aktivität zwischen den einzelnen Konstrukten stark schwankt. Während die Plasmide ANGPTL4(-8607/-8133) und ANGPTL4(-8467/-8133) eine basale Aktivität von 80.000-100.000 RLUs aufweisen, sinkt die Aktivität bei den anderen Konstrukten auf ca. ein Zehntel. Eine Ursache dafür könnte die An- oder Abwesenheit verschiedener Bindestellen für Transkriptionsfaktoren sein. Durch *in silico* Analysen mit Hilfe der Software Genomatix MatInspector konnten putative Bindestellen in dieser genomischen Region gefunden werden (siehe Abb. 4.13a). Eine besondere Stellung nimmt hierbei die AP1-Bindestelle im 3'-Bereich des ANGPTL4(-8607/-8133)-Reporters ein. Alle Konstrukte, in denen dieser Sequenzabschnitt nicht mehr vorhanden ist, zeigen die eben beschriebene verminderte basale Luziferase-Aktivität.

Der TGFβ-responsive Bereich konnte erfolgreich eingegrenzt werden. Da in vorangegangen ChIP-Experimenten eine SMAD3-Anreicherung in diesem Bereich verifiziert werden konnte, wurde im Folgenden die SMAD3-Abhängigkeit im Luziferase-Reporter-Assay überprüft. Hierzu wurden WPMY-1 Zellen mit spezifischer siRNA gegen SMAD3 (SMAD3-Pool) oder Kontroll-siRNA transfiziert. Anschließend erfolgte die Transfektion des Reporters ANGPTL4(-8401/-8170) und die Stimulation mit TGFβ (2 ng/ml), nach 48 h wurde die relative Luziferase-Aktivität ermittelt. Wie in Abbildung 4.13b zu erkennen ist, führt die Depletion von SMAD3 zum einen zu einer verminderten Basalaktivität und zum anderen zu einer signifikant verringerten relativen Induktion (3,6-fach vs. 2-fach).

Ergebnisse

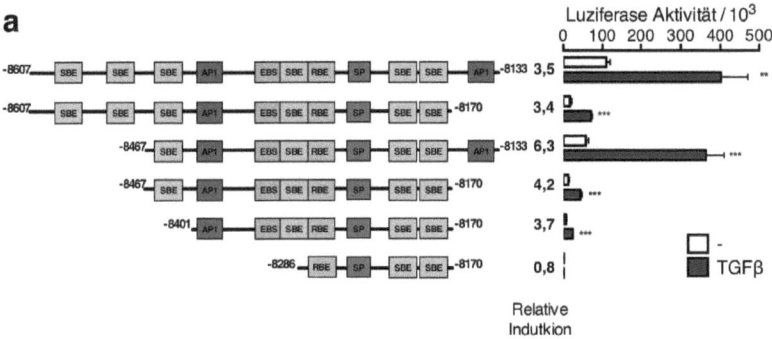

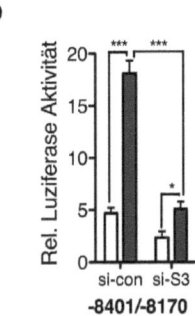

Abb. 4.13 Eingrenzen des TGFβ-responsiven Bereichs in der Region A des *ANGPTL4*-Gens.
a) WPMY-1 Zellen wurden mit den angegebenen Deletionsmutanten der Region A transfiziert und nach 48 h auf Induktion durch TGFβ (2 ng/ml) überprüft. Dargestellt ist die absolute Luziferase Aktivität. b) Nach siRNA-vermittelter Depletion von SMAD3 (si-SMAD3-Pool) oder Transfektion mit Kontroll-siRNA (si-con) wurden WPMY-1 Zellen mit dem ANGPTL4(-8401/-8170)-Reporter transfiziert und nach 48 h mittels Luziferase-Reporter-Assay auf Induktion durch TGFβ überprüft. ***p<0,001, **p<0,01,*p<0,05 signifikanter Unterschied zur unbehandelten Probe (t-Test, Bonferroni-Korrektur).

4.3.3.2 Identifizierung putativ beteiligter Transkriptionsfaktoren durch Mutationsanalyse

Die Beteiligung von SMAD3 bei der TGFβ-vermittelten Aktivierung der *ANGPTL4*-Transkription konnte in Luziferase-Reporter-Assays nachgewiesen werden. SMAD3 bindet allein nur sehr schwach an die DNA und ist zur selektiven Bindung an TGFβ-responsiven *Enhancer* Bereichen auf Interaktion mit anderen DNA-bindenden Transkriptionsfaktoren angewiesen (Massague 2000). Zur Identifizierung weiterer putativ beteiligter Faktoren wurde eine Mutationsanalyse der *in silico* gefundenen Bindestellen durchgeführt (siehe Kapitel *3.2.1.15*).

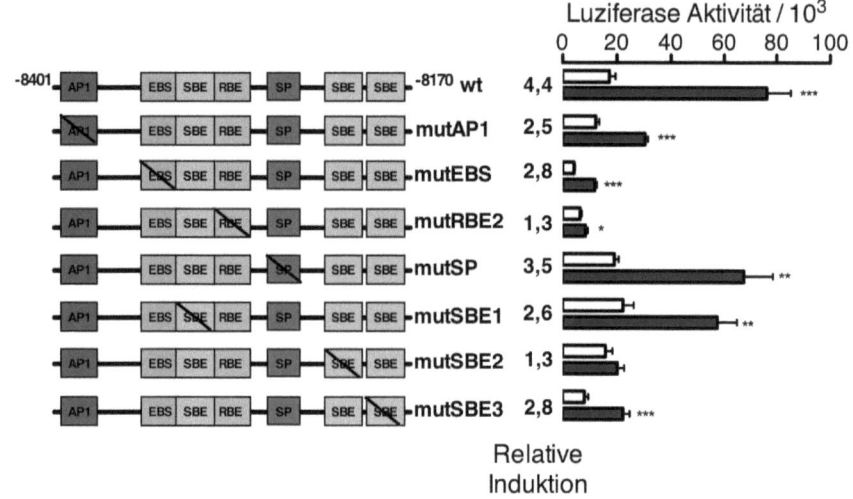

Abb. 4.14 Mutationsanalyse von putativen AP1, ETS1, RUNX, SP und SMAD Bindestellen des *ANGPTL4*-TGFβ-*Enhancers*. Putative Bindestellen für verschiedene Transkriptionsfaktoren im ANGPTL4(-8401/-8170)-Reporter wurden mittels *site-directed mutagenesis* verändert und auf TGFβ-Induktion überprüft (2 ng/ml TGFβ2). Die Luziferase-Aktivität wurde 48 h nach der Transfektion gemessen. ***p<0,001, **p<0,01,*p<0,05 signifikanter Unterschied zur unbehandelten Probe (t-Test, Bonferroni-Korrektur).

Im *ANGPTL4*-TGFβ-*Enhancer* befinden sich nach Vergleich der Sequenz mit den bestehenden Konsensus-Sequenzen verschiedener Transkriptionsfaktoren sieben interessante Bindestellen. Neben drei AGAC-Sequenzen, die als *SMAD-binding elements* (SBE) charakterisiert wurden (Shi, Wang et al. 1998; Zawel, Dai et al. 1998), finden sich u.a. eine AP1-Bindestelle (TGAGTCA) (Lee, Mitchell et al. 1987), ein Element für die Bindung von RUNX-Proteinen (RBE) (TGTGGT) (Melnikova, Crute et al. 1993), ein *ETS-binding element* (EBS) (CAGGAA) (Hollenhorst, Chandler et al. 2009) sowie eine SP1/GC-Box (GGTGGGGCGG). Alle genannten Transkriptionsfaktoren sind als mögliche Interaktionspartner von SMAD2/3 bei der TGFβ-vermittelten Aktivierung unterschiedlicher Zielgene beschrieben (Yingling, Datto et al. 1997; Zhang, Feng et al. 1998; Leboy, Grasso-Knight et al. 2001; Lindemann, Ballschmieter et al. 2001; Jinnin, Ihn et al. 2004; Javed, Bae et al. 2008; Koinuma, Tsutsumi et al. 2009).

Die Mutation der einzelnen Bindestellen hat unterschiedliche Konsequenzen zur Folge. Bei Betrachtung der relativen Induktion der Luziferase-Aktivität durch TGFβ ist deutlich zu erkennen, dass alle drei SBEs an der Aktivierung mehr oder weniger beteiligt sind. Die

Mutation des SBE1 und SBE3 führt zu einer verminderten Induktion nach TGFβ-Gabe. Viel stärker wirkt sich die Mutation des SBE2 auf die Aktivierung aus: Sie verursacht einen fast vollständigen Verlust der ursprünglichen Induktion (von 4,4-fach auf 1,3-fach). Übereinstimmend mit den Ergebnissen aus den Studien der Deletionsmutanten in Abb. 4.13a, führt die Mutation einer weiteren AP1-Bindestelle zum Absinken der basalen Luziferase-Aktivität. Zusätzlich ist die relative Induktion beeinträchtigt (2,5-fach). Desweiteren verhalten sich die Mutanten der RUNX-Bindestellen (RBE) ähnlich wie die SBE2-Mutante. Eine Aktivierung durch TGFβ ist deutlich schwächer, die relative Induktion sinkt auf 1,3-fach. Im Vergleich zu allen anderen Mutationen beeinflusst die Mutation der SP1/GC-Box die TGFβ-vermittelte Aktivierung nur schwach. Die Basalaktivität bleibt annähernd konstant und die relative Induktion sinkt auf 75% des ursprünglichen Wertes.

Mithilfe der Mutationsanalyse konnte zum einen das relevante *SMAD-binding element* (SBE) identifiziert werden, zum anderen wurden Hinweise für die Beteiligung weiterer Transkriptionsfaktoren gewonnen. Zur Verifizierung dieser Ergebnisse sollte im Folgenden die Aktivierung der *ANGPTL4*-Expression unter Depletion von SMAD2/3/4, ETS1, RUNX1/2 und AP1-Familienmitgliedern untersucht werden.

4.3.3.3 Einfluss spezifischer Depletion von SMAD2/3/4, ETS1, RUNX1/2 und AP1-Familienmitgliedern auf die Aktivierung von *ANGPTL4*

Chromatin-Immunpräzipitationen konnten bereits eine signifikante Bindung von SMAD3 an drei Regionen des *ANGPTL4*-Lokus unter TGFβ-Behandlung zeigen (siehe Kapitel 4.3.3.1). Zudem beschrieben Padua und Kollegen 2008, dass die Induktion der *ANGPTL4*-Transkription durch TGFβ abhängig von SMAD4 ist. Um die Rolle aller drei SMADs (SMAD2/3/4) bei der Regulation von *ANGPTL4* durch TGFβ funktionell zu untersuchen, wurden siRNA-vermittelte Depletionen der genannten Transkriptionsfaktoren in WPMY-1 Zellen durchgeführt. Nach der Transfektion jeweils dreier spezifischer siRNAs gegen SMAD2/3/4 bzw. Kontroll-siRNA wurden die Zellen für 6 h mit TGFβ2 (2ng/ml) oder dem Lösungsmittel behandelt. Neben der relativen Expression von *ANGPTL4* wurde zusätzlich die Expression eines bekannten SMAD2/3/4-regulierten TGFβ-Zielgens *PAI1* per RT-qPCR ermittelt. Zur Überprüfung der Transfektionseffizienz wurde zusätzlich die Expression von SMAD2/3/4 gemessen (Daten nicht gezeigt).

Wie in Abbildung 4.15 zu sehen ist, führt die Depletion der beiden R-SMADs zu unterschiedlichen Ergebnissen. Durch Repression der SMAD2-Transkription steigt das

Basalniveau der *ANGPTL4*-Expression, die relative Induktion bleibt dabei unbeeinflusst. Im Gegensatz dazu sinkt die basale *ANGPTL4*-Expression unter SMAD3-Depletion signifikant. Es kommt durch alle drei siRNAs zu einer deutlich eingeschränkten relativen Induktion.

Die siRNA-vermittelte Repression des Co-SMADs SMAD4 führt wie die SMAD3-Depletion ebenfalls zur verminderten *ANGPTL4*-Induktion durch TGFβ. Dabei zeigen die siRNAs 1, 2 und 3 vergleichbare Effekte wie die drei siRNAs gegen SMAD3. Im Vergleich zu den Kontrollzellen verringert sich die relative Induktion von 3,8-fach auf ca. 2-fach für die siRNAs 1 und 2; 2,5-fach für die siRNA 3. Zur Überprüfung der Funktionalität der siRNA-Transfektion wurde ein bekanntes SMAD2/3/4-reguliertes Zielgen untersucht. Die Induktion der *PAI1*-Expression durch TGFβ wird wie erwartet sowohl durch SMAD2- als auch durch SMAD3-Depletion signifikant verringert (s. Abb. 4.15b). Da beide R-SMADs als Transkriptionsfaktoren bei der *PAI1*-Regulation beschrieben sind (Liu, Chen et al. 2006; Velasco, Alvarez-Munoz et al. 2008), ist kein vollständiger Wegfall der Induktion durch TGFβ zu erwarten. Im Gegensatz dazu reicht die alleinige Depletion des Co-SMADs SMAD4 aus, um die TGFβ-vermittelte Induktion zu unterbinden. Dieses Ergebnis zeigen alle verwendeten siRNAs.

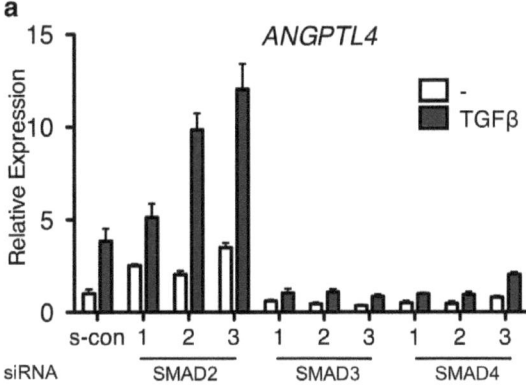

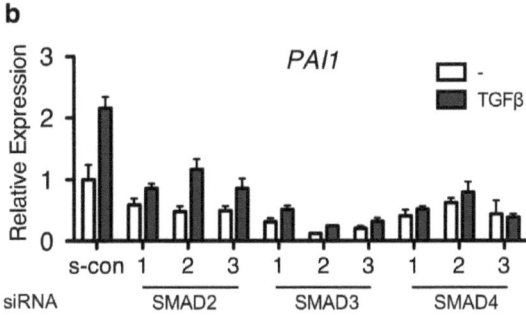

Abb. 4.15 TGFβ-vermittelte Aktivierung von *ANGPTL4* und *PAI1* nach spezifischer Depletion von SMAD2/3/4. Nach siRNA-vermittelter Depletion von SMAD2/3/4 wurden WPMY-1 Zellen für 6 h mit 2 ng/mL TGFβ2 oder dem Lösungsmittel behandelt. Die relative Expression von a) *ANGPTL4* und b) *PAI1* wurde mittels RT-qPCR gemessen.

Zusammenfassend lässt sich feststellen, dass die SMADs unterschiedliche Rollen bei der Regulation der zwei TGFβ-Zielgene besitzen. Eine SMAD3/4-Abhängigkeit ist sowohl für *ANGPTL4* als auch für *PAI1* zu beobachten. SMAD4-Depletion führt jedoch nur bei *PAI1* zu einem kompletten Verlust der TGFβ-vermittelten Induktion. Die Depletion von SMAD2 beeinträchtigt einerseits die Induktion von *PAI1*, steigert jedoch andererseits die Basalexpression von *ANGPTL4*.

Die in Kapitel 4.3.3.2 gezeigten Mutationsanalysen weisen auf eine Beteiligung der Transkriptionsfaktoren ETS1 und RUNX hin. Eine Interaktion beider Faktoren bei der transkriptionellen Regulation, sowie die Zusammenarbeit mit SMADs sind mehrfach beschrieben (Shi, Park et al. 2001; Fowler, Borazanci et al. 2006; Arman, Aguilera-Montilla et al. 2009; Koinuma, Tsutsumi et al. 2009). Umso wichtiger war die Überprüfung ihrer Funktion bei der *ANGPTL4*-Regulation durch TGFβ mithilfe von siRNA-Versuchen. Hierfür wurden analog zu den bereits beschriebenen Experimenten die WPMY-1 Zellen mit siRNA spezifisch gegen ETS1 oder RUNX1/2 bzw. Kontroll-siRNA transfiziert und danach für 6 h mit TGFβ2 (2ng/ml) oder Lösungsmittel behandelt. Die relative Expression von *ANGPTL4* wurde mittels RT-qPCR gemessen und ist in Abbildung 4.16 dargestellt. Da die Expression von RUNX3, einem weiteren Mitglied der RUNX-Familie, in den WPMY-1-Myofibroblasten nicht nachgewiesen werden konnte (Daten nicht gezeigt). wurde dieser Faktor nicht weiter berücksichtigt.

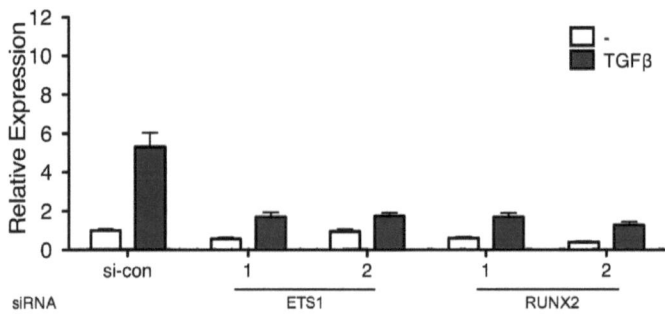

Abb. 4.16 TGFβ-vermittelte Aktivierung von *ANGPTL4* nach spezifischer Depletion von ETS1 oder RUNX2. Nach siRNA-vermittelter Depletion von ETS1 oder RUNX2 wurden WPMY-1 Zellen für 6 h mit 2 ng/mL TGFβ2 oder dem Lösungsmittel behandelt. Die relative Expression von *ANGPTL4* wurde mittels RT-qPCR gemessen.

Übereinstimmend mit den Ergebnissen aus den Luziferase-Assays verursacht die Depletion von ETS1 als auch von RUNX2 eine signifikant verringerte Induktion der *ANGPTL4*-Expression durch TGFβ. Die jeweils benutzten zwei siRNA-Sequenzen führen dabei zum gleichen Ergebnis. Desweiteren sinkt das Basalniveau der Expression. Die Depletion von RUNX1 hat im Gegensatz dazu keinen Einfluss auf die TGFβ-vermittelte Aktivierung von *ANGPTL4* (Daten nicht gezeigt).

In diversen Luziferase-Reporter-Assays konnte gezeigt werden, dass die Mutation zweier AP1-Bindestellen im TGFβ-*Enhancer* des *ANGPTL4*-Lokus zu einem starken Abfall der Luziferase-Aktivität führt (Abb. 4.13/14). Die relative Induktion bleibt dabei jedoch unbeeinflusst. Zur Klärung dieses Phänomens wurden WPMY-1 Zellen mit siRNA gegen die AP1-Familenmitglieder FRA1, FRA2, c-JUN, JUNB und JUND transfiziert und für 6 h mit TGFβ2 (2 ng/ml) bzw. dem Lösungsmittel behandelt. Nach RNA-Isolierung und cDNA-

Synthese wurde die *ANGPTL4*-Expression per RT-qPCR ermittelt. Da die Expression von c-FOS und FOSB in WPMY-1 Zellen nicht nachgewiesen werden konnte, wurden diese Faktoren nicht weiter berücksichtigt.

Anhand der Abbildung 4.17 ist zu erkennen, dass die siRNA-vermittelte Depletion der verschiedenen AP1-Faktoren diverse Auswirkungen auf die Aktivierung von *ANGPTL4* durch TGFβ hat. Die Depletion von c-JUN hat keinen signifikanten Effekt. Auch die Rolle von FRA2 ist nicht eindeutig, da zwei siRNAs zu unterschiedlichen Ergebnissen führen. Während die Depletion von FRA2 durch siRNA1 den Anstieg der Basalexpression von *ANGPTL4* hervorruft, führt die Verwendung der siRNA2 zu keinem Effekt. Im Gegensatz dazu sind die Effekte der Depletion von FRA1, JUNB und JUND einheitlich. Der *knockdown* erhöht die *ANGPTL4*-Expression, wobei die Induktion durch TGFβ nahezu vergleichbar zu den Kontroll-Zellen bleibt. Die Effekte der gegen JUNB-verwendeten siRNAs können jedoch nicht allein auf JUNB zurückgeführt werden, da diese ebenfalls eine Verringerung der JUND-Expression verursachen (Daten nicht gezeigt).

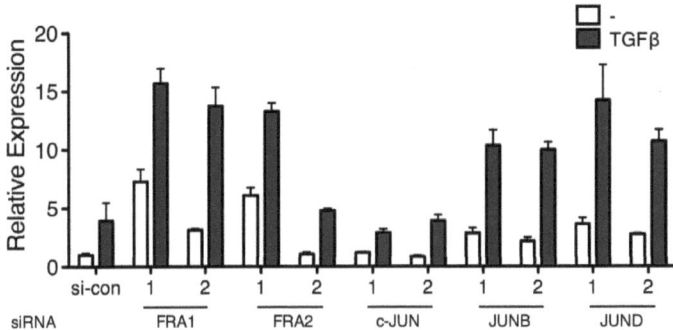

Abb. 4.17 TGFβ-vermittelte Aktivierung von *ANGPTL4* nach spezifischer Depletion von AP1-Familienmitgliedern. Nach siRNA-vermittelter Depletion von FRA1, FRA2, c-JUN, JUNB oder JUND wurden WPMY-1 Zellen für 6 h mit 2 ng/mL TGFβ2 oder dem Lösungsmittel behandelt. Die relative Expression von *ANGPTL4* wurde mittels RT-qPCR gemessen.

Mithilfe der siRNA-vermittelten Depletion konnte gezeigt werden, dass die Beteiligung der Transkriptionsfaktoren SMAD3/4, ETS1 und RUNX2 wichtig für die vollständige Aktivierung der *ANGPTL4*-Transkription durch TGFβ ist. In allen Fällen führt die Depletion zu einem signifikanten Einbruch der Induktion durch TGFβ, einhergehend mit einer verminderten basalen *ANGPTL4*-Expression. SMAD2, FRA1 und JUND scheinen eine inhibitorische Funktion zu besitzen, da deren Abwesenheit einen generellen Anstieg der

Ergebnisse

Basalexpression verursacht.

Wie oben beschrieben, ist SMAD4 zwar für die vollständige Aktivierung von *ANGPTL4* wichtig, dennoch ist im Gegensatz zum *PAI1* eine Induktion durch TGFβ in Abwesenheit von SMAD4 möglich. Desweiteren beschrieben Padua und Kollegen 2008, dass die Regulation der *ANGPTL4*-Expression durch TGFβ SMAD4-abhängig ist (Padua, Zhang et al. 2008). Um diese Beobachtung zu überprüfen, sollte die TGFβ-vermittelte Aktivierung von *ANGPTL4* in verschiedenen SMAD4-defizienten Zelllinien untersucht werden.

4.3.3.4 Transkriptionelle Aktivierung von *ANGPTL4* durch TGFβ in SMAD4-defizienten Zelllinien

Da die Pankreas-Karzinom-Zelllinien Capan-1 und Capan-2 sowie die Brustkarzinomzelllinie MDA-MB-468 kein funktionelles SMAD4-Protein aufweisen, kann keine kanonische TGFβ-Antwort über R-SMAD/SMAD4-Komplexe vermittelt werden (de Winter, Roelen et al. 1997; Grau, Zhang et al. 1997; Sipos, Moser et al. 2003). Dennoch berichten mehrere Arbeitsgruppen von einer SMAD4-unabhängigen TGFβ-Antwort in SMAD4-defizienten Zelllinien (Fink, Mikkola et al. 2003; Giehl, Imamichi et al. 2007). Um die SMAD4-Abhängigkeit der TGFβ-vermittelten Aktivierung von *ANGPTL4* zu überprüfen, wurden diese drei Zelllinien für 6 h mit TGFβ2 (10 ng/ml) behandelt. Nach der RNA-Isolierung und cDNA-Synthese erfolgte die Messung der *ANGPTL4*-Expression per RT-qPCR. Wie in der Abbildung 4.18 zu erkennen ist, führt die Stimulation mit TGFβ in allen Fällen zu einer signifikanten Aktivierung der *ANGPTL4*-Expression. Die Stärke der relativen Induktion variiert dabei zwischen den drei Zelllinien. Die SMAD4-Defizienz konnte mithilfe eines Western Blots bestätigt werden (Daten nicht gezeigt).

Ergebnisse

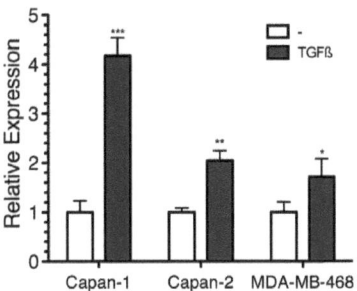

Abb. 4.18 Aktivierung der *ANGPTL4*-Expression durch TGFβ in SMAD4-defizienten Zelllinien. SMAD4-defiziente Zelllinien (Capan-1, Capan-2 und MDA-MB-468) wurden für 6 h mit 2 ng/ml TGFβ2 oder dem Lösungsmittel behandelt. Dargestellt ist die relative Expression von *ANGPTL4*, die mittels RT-qPCR gemessen wurde. ***$p<0{,}001$, **$p<0{,}01$, *$p<0{,}05$ signifikanter Unterschied zur unbehandelten Probe (t-Test, Bonferroni-Korrektur).

4.3.3.5 Validierung putativ beteiligter Transkriptionsfaktoren mittels ChIP-Analyse

Mithilfe von Mutationsanalysen per Luziferase-Reporter-Assay und der gezielten siRNA-vermittelten Depletion konnten neben den SMADs drei putative Transkriptionsfaktoren identifiziert werden, die bei der TGFβ-vermittelten Induktion der *ANGPTL4*-Expression beteiligt sind. Um die Funktionalität von AP-1, ETS1 und RUNX2 bei der Regulation weiter zu untermauern, wurden ChIP-Analysen in WPMY-1 Myofibroblasten durchgeführt. Die Serum-depletierten Zellen wurden für 1 h mit 2 ng/ml TGFβ2 behandelt. Die Chromatin-Immunpräzipitation erfolgte mit den in Abbildung 4.19 genannten Antikörpern oder einem unspezifischen IgG-Pool. Die folgenden Bereiche wurden hierbei untersucht: der TGFβ-induzierbare *Enhancer* (TGF-E), die Region B (-2000 bp relativ zum TS) und der PPARβ/δ-induzierbare *Enhancer* (PPAR-E) des *ANGPTL4*-Lokus sowie zum Vergleich das publizierte TGFβ-responsive Element des *PAI1*-Gens. Wie in Abbildung 4.19 zu sehen ist, kann eine deutliche TGFβ-vermittelte Rekrutierung von SMAD3, CBP und ETS1 an beiden Genen detektiert werden. Transkriptionsfaktoren, die von pan-JUN und pan-FOS Antikörpern erkannt werden, sind ebenfalls auf beiden genomischen Regionen anwesend, wobei eine klare TGFβ-abhängige Rekrutierung nur für *PAI1* vorhanden ist. Es kann außerdem eine induzierbare Rekrutierung von SMAD3, CBP und ETS1 an die Region B und PPAR-E beobachtet werden, obwohl die korrespondierenden genomischen Fragmente nicht im Luziferase-Reporter-Assay TGFβ-responsiv waren. Desweiteren zeigen die Regionen TGF-E und PPAR-E des *ANGPTL4*-Gens sowie die *PAI1* SBE Region eine schwache, aber erkennbare Bindung von RUNX2.

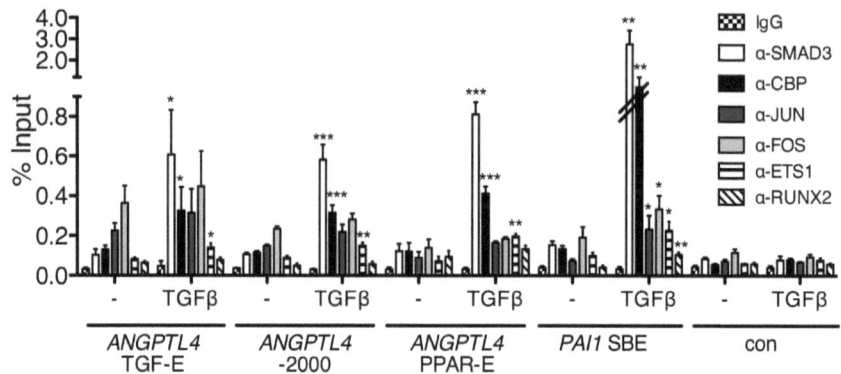

Abb. 4.19 Rekrutierung von Transkriptionsfaktoren zur TGF-E Region, Region B, PPAR-E Region, zur TGFβ-induzierbaren Region von *PAI1* (Positiv-Kontrolle) und zu einem irrelevanten genomischen Fragment (Negativkontrolle). Serum-gehungerte WPMY-1 Zellen wurden für 1 h mit 2 ng/ml TGFβ2 behandelt. Die ChIP-Analyse zeigt TGFβ-induzierte Rekrutierung von SMAD3, CBP und ETS1 und eine konstitutive Bindung von JUN und FOS Familienmitgliedern an allen drei Regionen sowie eine TGFβ-induzierte Rekrutierung von RUNX2 an die Region PPAR-E. ***p<0,001, **p<0,01,*p<0,05 signifikanter Unterschied zur unbehandelten Probe (t-Test, Bonferroni-Korrektur),

4.3.4 Analyse der kooperativen Regulation von *ANGPTL4* durch TGFβ und PPARβ/δ

4.3.4.1 Überprüfung der identifizierten PPARβ/δ- und TGFβ-*Enhancer*-Bereiche des *ANGPTL4*- Gens auf Kooperation im Luziferase-Reporter-Assay

Mithilfe der vorangegangenen Versuche konnten die zwei *Enhancer*-Bereiche identifiziert werden, die für die TGFβ-vermittelte und GW501516-vermittelte Induktion der *ANGPTL4*-Transkription verantwortlich sind (TGF-E und PPAR-E). Abschließend stellte sich die Frage, ob die gefundenen Fragmente auch zur synergistischen Kooperation bei der Regulation fähig sind. Um diesen Aspekt zu untersuchen, wurden die Fragmente TGF-E und PPAR-E in den Tatal-pGL3 inseriert und im Luziferase-Assay überprüft. Serum-depletierte WPMY-1 Zellen wurden mit den in Abbildung 4.20 angegebenen Konstrukten transfiziert und mit den Liganden GW501516 (0,3 µM), TGFβ2 (2 ng/ml) oder beiden behandelt. Nach 44 h wurde die Luziferase-Aktivität ermittelt. Das Ergebnis des Reporter-

Assays zeigt, dass der kooperative Effekt der beiden Liganden durch die Kombination von TGF-E und PPAR-E rekapituliert werden konnte. Die Behandlung mit TGFβ und GW501516 führt zur synergistischen Induktion, die 84% höher als der errechnete additive Effekt ist (14,3-fach verglichen mit 7,8-fach). Keine Kooperation durch beide Liganden erfolgt bei den Reporter-Plasmiden, die nur einen *Enhancer* besitzen.

Zusätzlich zur den jeweils ca. 1 kb langen Fragmenten TGF-E und PPAR-E sollten die minimal responsiven Konstrukte kombiniert werden. Hierbei wurde das kürzeste Fragment gewählt, das TGFβ induzierbar ist (ANGPTL4(-8401/-8170)) und das PPRE2, welches am stärksten auf PPARβ/δ-Koexpression und GW501516 reagierte. Wie in Abbildung 4.20b dargestellt ist, führt auch die Kombination der minimalen Fragmente zu einer kooperativen Aktivierung durch Behandlung mit beiden Liganden. Diese fällt jedoch mit einer nur 25% höheren Induktion als der errechnete additive Effekt deutlich schwächer aus als bei dem Reporter bestehend aus TGF-E und PPAR-E (siehe Abbildung 4.20a). Ebenfalls findet keine Kooperation der beiden Liganden bei den Reportern, die nur einen minimalen *Enhancer* besitzen, statt.

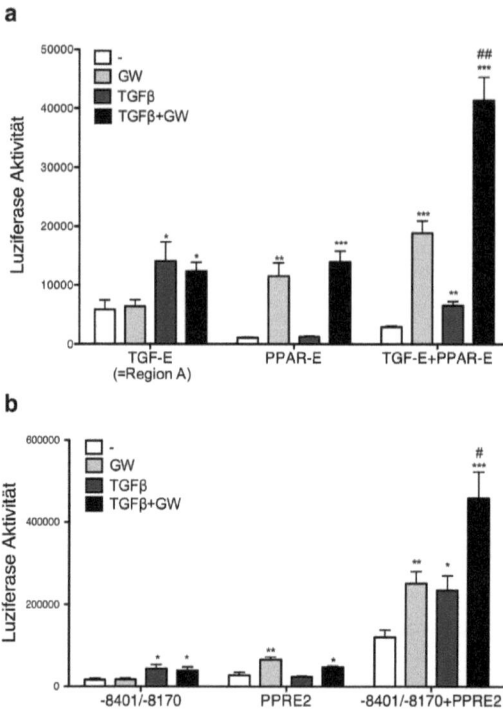

Abb. 4.20 Kooperative Regulation des identifizierten PPAR-abhängigen und TGFβ-abhängigen *Enhancers* des *ANGPTL4*-Lokus im Luziferase-Reporter-Assay. WPMY-1 Zellen wurden mit Reporter-Plasmiden transfiziert, die entweder a) den TGFβ-Enhancer (-9000/-8000), den PPAR-Enhancer (+2914/+4093) oder beide enthalten bzw. b) den Minimal-TGFβ-*Enhancer* (-8401/-8170), das PPRE2 oder beide enthalten. Nach 44 h Behandlung mit den genannten Liganden (0,3 µM GW501516 (GW), 2 ng/ml TGFβ2 oder beiden) wurde relative Luziferase-Aktivität mittels Luziferase-Reporter-Assay ermittelt. ***p<0,001, **p<0,01,*p<0,05 signifikanter Unterschied zur unbehandelten Probe (t-Test), ##p<0,01, #p<0,05 Induktion durch beide Liganden ist signifikant höher als Induktion durch alleinige Liganden-Behandlung (t-Test, Bonferroni-Korrektur)

4.3.4.2 Identifizierung von Interaktionen zwischen den *Enhancer*-Bereichen TGF-E und PPAR-E mittels ChIP-Analysen

Die synergistische Aktivierung der *ANGPTL4*-Expression durch TGFβ und GW501516 konnte durch Kombination der beiden *Enhancer*-Bereiche mittels Luziferase-Reporter-Assay nachvollzogen werden (Abbildung 4.20). Um Aufschlüsse über die *in vivo* Situation der Chromatinstruktur bei der transkriptionellen Aktivierung von *ANGPTL4* durch TGFβ und PPARβ/δ zu gewinnen, wurden weitere ChIP-Analysen in WPMY-1 Myofibroblasten durchgeführt (alle gezeigten Chromatin-Immunpräzipitationen erfolgten durch Till Adhikary).

Mithilfe eines weiteren Ansatzes sollte die Frage geklärt werden, ob a) PPARβ/δ am TGF-E *Enhancer* anwesend ist bzw. TGFβ/GW501516-abhängig rekrutiert wird und b) SMAD3 am PPAR-E anwesend ist bzw. TGFβ/GW501516-abhängig rekrutiert wird. Hierzu wurden WPMY-1 Zellen für 1 h mit den Liganden GW501516 (0,3 µM), TGFβ2 (2 ng/ml) oder beiden behandelt. Anschließend erfolgten Chromatin-Immunpräzipationen mit Antikörpern spezifisch gegen PPARβ/δ, SMAD3 oder einem unspezifischen IgG-Pool. Die präzipitierte DNA wurde in einer RT-qPCR mittels *Enhancer*-spezifischen Primern amplifiziert. Die Anwesenheit von PPARβ/δ kann weder durch Behandlung mit TGFβ noch mit GW501516 am TGF-E (ca. -8500 bp relativ zum TS) nachgewiesen werden (Daten nicht gezeigt). Wie auch bereits in Abbildung 4.8a dargestellt, findet sich eine starke PPARβ/δ-Bindung nur am PPAR-E (ca. +3500 bp relativ zum TS), welche konstitutiv ist und sich nicht durch Liganden-Stimulation (TGFβ oder GW501516) ändert (Daten nicht gezeigt). Wie in Abbildung 4.21a zu sehen ist, führt im Gegensatz hierzu die Behandlung mit TGFβ2 zu einer Rekrutierung von SMAD3 am PPAR-E (siehe auch Abbildung 4.12b und 4.19), die jedoch unbeeinflusst von GW501516 ist.

Die Bindung von SMAD3 am PPAR-E ist zudem unabhängig von der Anwesenheit von PPARβ/δ in diesem Bereich (Abbildung 4.21b). Auch die Depletion aller drei PPAR-Subtypen führt zu keiner Verminderung der PPAR-E/SMAD3 Interaktion (Abbildung 4.22c), sondern eher zu einer Verstärkung.

Diese Erkenntnisse weisen auf einen PPAR-unabhängigen Mechanismus hin, der die SMAD3-Rekrutierung an den PPAR-E *Enhancer* vermittelt.

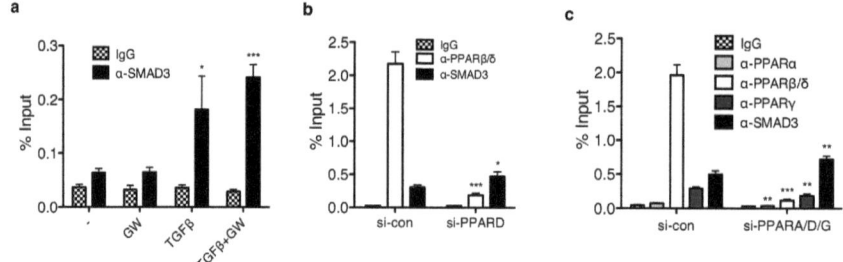

Abb. 4.21 Effekt von TGFβ, GW501516 und PPAR-Depletion auf die Interaktion von SMAD3 mit dem PPAR-E Enhancer. a) WPMY-1 Zellen wurden mit GW501516 (0,3 µM), TGFβ2 (2 ng/ml) oder beiden bzw. dem Lösungsmittel für 1 h behandelt und per ChIP auf SMAD3/PPAR-E-Interaktion untersucht. b) WPMY-1 Zellen wurden entweder mit Kontroll-siRNA oder *PPARD*-spezifischer siRNA transfiziert, mit 2 ng/ml TGFβ2 für 1 h stimuliert und auf Interaktion von SMAD3 und PPARβ/δ mit dem PPAR-E per ChIP analysiert. c) WPMY-1 Zellen wurden entweder mit Kontroll-siRNA oder einem dreifach Pool bestehend aus *PPARA/D/G*-spezifischer siRNA transfiziert, mit 2 ng/ml TGFβ2 für 1 h stimuliert und auf Interaktion von SMAD3 und alle drei PPARs mit dem PPAR-E per ChIP analysiert. ***p<0,001, **p<0,01,*p<0,05 signifikanter Unterschied zur unbehandelten Probe (t-Test), ##p<0,01, #p<0,05 Induktion durch beide Liganden ist signifikant höher als Induktion durch alleinige Liganden-Behandlung (t-Test, Bonferroni-Korrektur)

Mithilfe der präsentierten Experimente konnte ein umfassender Einblick in die Regulation des *ANGPTL4*-Gens durch die beiden Signalwege TGFβ und PPARβ/δ gewonnen werden. In verschiedenen humanen Zelllinien findet eine synergistische Induktion durch beide Liganden statt, die eine verstärkte Rekrutierung der RNA-Polymerase II beinhaltet. Es wurden die beiden hierfür verantwortlichen *Enhancer*-Bereiche des *ANGTPL4*-Lokus identifiziert und charakterisiert. Neben der Entdeckung von zwei neuen, funktionellen PPREs im Intron 3 konnte der TGFβ-induzierbare Bereich (ca. -8,5 kb relativ zum TS) lokalisiert werden. Verschiedene funktionelle Transkriptionsfaktor-Bindestellen konnten in diesem Bereich durch Mutationsanalyse identifiziert werden. Die Beteiligung der zugehörigen Transkriptionsfaktoren (SMAD3, AP-1, ETS1 und RUNX2) bei der TGFβ-vermittelten Regulation des *ANGPTL4*-Gens konnte durch ChIP-Analysen und siRNA-vermittelter Depletion validiert werden. Die kooperative Induktion der *ANGPTL4*-Expression durch TGFβ und GW501516 wurde durch Kombination der beiden *Enhancer* TGF-E und PPAR-E im Reporter-Assay bestätigt. Desweiteren konnte eine TGFβ-abhängige Interaktion von SMAD3 mit dem PPAR-E nachgewiesen werden.

4.4 Regulation von *ANGPTL4* durch weitere Signalwege

4.4.1 Einfluss von 9-*cis* Retinsäure, Dexamethason und TPA auf die Aktivierung von *ANGPTL4*

In der vorliegenden Arbeit konnten neben TGFβ und den PPAR-Liganden auch andere Substanzen gefunden werden, die die *ANGPTL4*-Expression steigern. Zu Ihnen gehören 9-*cis* Retinsäure (ein Ligand von RXRα), Dexamethason (der Ligand des Glukokortikoid-Rezeptors) und 12-O-tetradecanoylphorbol-13-acetate (TPA) (ein Phorbolester, der über die Proteinkinase C u. a. AP-1 aktiviert). Die Dexamethason-vermittelte Aktivierung von *ANGPTL4* wurde von Koliwad und Kollegen 2009 veröffentlicht (Koliwad SK 2009). Um den Einfluss dieser Liganden in Kombination mit TGFβ und GW501516 auf die Aktivierung von *ANGPTL4* zu untersuchen, wurden WPMY-1 bzw. HaCaT Zellen mit den in Abbildung 4.22 angegebenen Liganden für 6 h behandelt. Nach der RNA-Isolierung und cDNA-Synthese wurde die Expression von *ANGPTL4* per RT-qPCR ermittelt. Wie erwähnt, zeigen alle drei Substanzen allein eine Induktion der *ANGPTL4*-Expression. In Kombination mit GW501516 weist 9-*cis* Retinsäure aufgrund der Bindung an RXRα wie erwartet einen kooperativen Effekt auf, der ebenfalls mit TGFβ zu sehen ist. Bei paralleler Gabe aller drei Liganden (9-*cis* Retinsäure, GW501516 und TGFβ) steigt die Expression von *ANGPTL4* deutlich an. Ähnliches gilt für die Behandlung mit TPA. Die Kombinationen von GW und TPA sowie TGFβ und TPA führen zu einem kooperativen Effekt. Im Unterschied zur 9-*cis* Retinsäure induziert TPA allein die *ANGPTL4*-Expression jedoch vielfach stärker (5-fach vs. 16,6-fach). Anders als TPA und 9-*cis* Retinsäure wirkt sich die Behandlung mit Dexamethason aus. Die einzelne Stimulation führt zur signifikanten Induktion von *ANGPTL4*. Während die zusätzliche Behandlung mit GW501516 einen vernachlässigbar kleinen Effekt besitzt, resultiert die Gabe von TGFβ und Dexamethason in einer starken synergistischen Aktivierung (14,9-fach, 261% höher als der errechnete additive Effekt). Diese kann jedoch zusätzlich durch GW501516 gesteigert werden (25,3-fach).

Ergebnisse

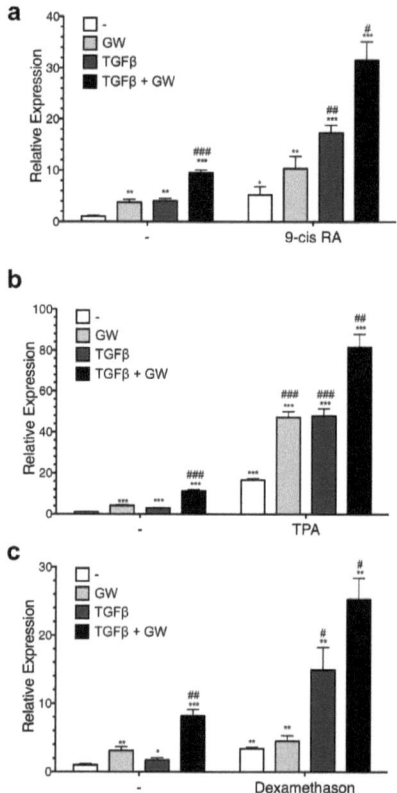

Abb. 4.22 Einfluss von 9-*cis* Retinsäure, TPA und Dexamethason auf die *ANGPTL4*-Expression. a) WPMY-1 Zellen wurden 3 h mit 0,3 µM GW501516, 2 ng/ml TGFβ2, 0,3 µM 9-*cis* RA und deren Kombinationen behandelt. **b)** WPMY-1 Zellen wurden 24 h gehungert und darauf 6 h mit 0,3 µM GW501516, 2 ng/ml TGFβ2, 50 nM TPA und deren Kombinationen behandelt. **c)** HaCaT Zellen wurden 6 h mit 0,3 µM GW501516, 10 ng/ml TGFβ2, 1 µM Dexamethason und deren Kombinationen behandelt. Dargestellt ist die relative Expression von *ANGPTL4*. ***p<0,001, **p<0,01,*p<0,05 signifikanter Unterschied zur unbehandelten Probe (t-Test), ###p<0,001, ##p<0,01, #p<0,05 Induktion durch beide Liganden ist signifikant höher als Induktion durch alleinige Liganden-Behandlung (t-Test, Bonferroni-Korrektur)

Durch *in silico* Analysen der Software Genomatix MatInspector konnten in der Region A (TGFβ-induzierbarer *Enhancer* TGF-E) Bindestellen für den Kernrezeptor RXRα und den Glukokortikoid-Rezeptor (GR) gefunden werden. Wie bereits in Kapitel 4.3.3.1 erwähnt, besitzt dieser genomische Bereich auch zwei AP-1 Bindestellen (TGAGTCA), welche eine TPA-Antwort vermitteln könnten. Aus diesem Grund sollte in einem Luziferase-Reporterassay überprüft werden, ob dieser *Enhancer*-Bereich ebenfalls für die Induktion durch die Liganden 9-*cis* RA, Dexamethason und TPA verantwortlich ist. Zusätzlich sollte die bereits auf endogener Ebene beobachtete Kooperation mit TGFβ untersucht werden. Da der TGF-E Reporter nicht auf GW501516 reagiert (siehe Abbildung 4.20), wurde dieser Ligand nicht weiter berücksichtigt.

Serum-gehungerte WPMY-1 Myofibroblasten wurden mit dem Reporter TGF-E transfiziert und mit den in Abbildung 4.23 angegebenen Substanzen behandelt. Nach 44 h wurde aus der Luziferase-Aktivität die relative Induktion ermittelt. Zusammenfassend ist festzustellen, dass alle drei Substanzen (9-*cis* RA, Dexamethason und TPA) allein zu einer signifikanten Induktion führen. Die zusätzliche Behandlung mit TGFβ2 zeigt desweiteren in allen Fällen eine kooperative Aktivierung, die über einen additiven Effekt hinausgeht. Der TGFβ-induzierbare *Enhancer* (TGF-E) ist somit ebenfalls 9-*cis* Retinsäure, Dexamethason und TPA responsiv und die beobachteten Effekte bei der Aktivierung der *ANGPTL4*-Expression könnten auf diesen genomischen Bereich zurückgeführt werden.

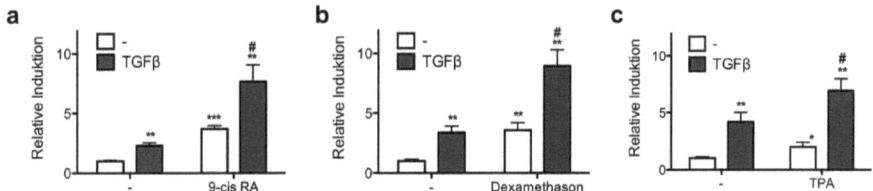

Abb. 4.23 Einfluss von 9-*cis* RA, Dexamethason, TPA und TGFβ auf den TGF-E-Reporter.
WPMY-1 Zellen wurden mit dem TGF-E Reporter transfiziert und mit a) 0,3 µM 9-*cis* RA b) 1 µM Dexamethason oder c) 50 nM TPA bzw. deren Kombination mit TGFβ2 (2 ng/ml) behandelt. Nach 44 h wurde die Luziferase-Aktivität ermittelt. Dargestellt ist die relative Induktion. ***p<0,001, **p<0,01,*p<0,05 signifikanter Unterschied zur unbehandelten Probe (t-Test), #p<0,05 Induktion durch beide Liganden ist signifikant höher als Induktion durch alleinige Liganden-Behandlung (t-Test, Bonferroni-Korrektur),

5 Diskussion

5.1 Klassifizierung von PPARβ/δ-Zielgenen

In verschiedenen Studien wurden in den letzten Jahren versucht, die transkriptionelle Regulation durch PPARβ/δ zu charakterisieren. Ein generalisierendes Modell postuliert, das in Abwesenheit eines Liganden Ko-Repressoren an PPAR:RXR Heterodimere binden, die Repression der Genexpression u.a. durch Histondeacetylierung ist die Folge. Im Gegensatz hierzu ermöglicht die Bindung eines Liganden an PPAR:RXR Heterodimere die Rekrutierung von Ko-Aktivatoren und die Induktion der Genexpression (siehe Abb. 2.2). Diverse Versuche unserer Arbeitsgruppe zeigen, dass trotz des generalisierenden Modells Unterschiede in der Aktivierung der Expression von PPARβ/δ-Zielgenen auftreten. Spezifische Agonisten induzieren unterschiedlich stark und schnell die Expression verschiedener Zielgene. Übereinstimmend mit diesen Erkenntnissen zeigte eine genomweite Expressionsanalyse in humanen Myofibroblasten (WPMY-1), dass die Behandlung mit einem spezifischen PPARβ/δ-Agonisten die Expression einzelner Gene unterschiedlich stark aktiviert (Abb. 4.1). Zusätzlich wurden mithilfe einer ChIP-Sequenzierung PPARβ/δ-Bindestellen an bereits publizierten Zielgenen gefunden, sowie in der Nähe von zuvor unbekannten Zielgenen, die kein PPRE aufweisen (Abb. 4.2). Examplarisch sollten die so identifizierten Gene *ANGPTL4*, *ADRP*, *CPT1A*, *SLC25A20*, *LEO1* und *DIAPH1* auf folgende Kriterien untersucht werden:

1. Zeitliche Aktivierung durch PPARβ/δ-Agonisten.
2. Einfluss von PPARβ/δ-Antagonisten.
3. Einfluss spezifischer siRNA-vermittelter PPARβ/δ-Depletion.

Die gewonnen Daten führen zur Einordnung der genannten Gene in drei Klassen, welche in der Tabelle 5.1 zusammengefasst wurden.

Klasse I) *ANGPTL4* und *ADRP*

Während die Expression beider Gene durch spezifische PPARβ/δ-Agonisten schnell und stark induziert wird (Abb. 4.1), führt die Behandlung mit Antagonisten nur zu einer

Diskussion

schwachen Repression (Abb. 4.2a). Beide Erkenntnisse können durch bereits gebundene Ko-Repressor-Komplexe erklärt werden. Die Induktion der Genexpression durch Agonisten setzt sich demnach aus zwei Effekten zusammen: dem Wegfall der Ko-Repressoren und der aktiven Rekrutierung von Ko-Aktivatoren. Wie eigene unveröffentlichte Daten unserer Arbeitsgruppe zeigen, führen Antagonisten (z.B. ST247 und VP080) zur Anreicherung von Ko-Repressoren. Im Fall von *ANGPTL4* und *ADRP* könnte der geringe Effekt der Antagonisten durch einen bereits gebundenen Repressor-Komplex erklärt werden. Entsprechend dem generalisierenden Modell der transkriptionellen Regulation resultiert die Depletion von PPARβ/δ in einem Anstieg der Genexpression: Die Abwesenheit von PPARβ/δ verhindert die Rekrutierung von Ko-Repressoren, was eine Derepression der Genexpression bewirkt (Abb. 4.2b).

Klasse II) *CPT1A* und *SLC25A20*

Im Gegensatz zu den Klasse I-Genen wird die Expression dieser beiden Gene durch spezifische PPARβ/δ-Agonisten nur langsam und schwach induziert (Abb. 4.1). Eine mögliche Ursache könnte der Mangel von bereits gebundenen Ko-Repressoren darstellen abweichend vom generalisierenden Modell. Alternativ könnten sich die Ko-Repressor-Komplexe im Vergleich zu den Klasse I-Genen unterscheiden. In jedem Fall scheint die Induktion hauptsächlich aus der Rekrutierung von Ko-Aktivatoren zu resultieren und schließt keine Derepression ein. Übereinstimmend mit dieser Hypothese verursachen PPARβ/δ-spezifische Antagonisten eine deutliche Repression der Genexpression, die durch verstärkte Rekrutierung von Ko-Repressoren erklärt werden könnte (Abb. 4.2a). Einhergehend mit der Annahme, dass an diese Gene wenig Ko-Repressor-Komplexe *per se* gebunden sind, führt die Depletion von PPARβ/δ zu keinem Anstieg der Genexpression. Sie bleibt in beiden Fällen unverändert (Abb. 4.2b).

Klasse III) *LEO1* und *DIAPH1*

Abschließend können die Gene *LEO1* und *DIAPH1* in eine dritte Klasse eingeordnet werden, die bisher noch nicht beschrieben wurde und somit ein zentrales Thema für weitere Untersuchungen darstellt. Im Kontrast zu den Klasse I und II-Genen weisen sie eine schwächere PPRE-unabhängige PPARβ/δ-Bindung im Bereich des Genlokus auf. Ihre Genexpression ist desweiteren nicht durch Agonisten aktivierbar und bleibt

Diskussion

unbeeinflusst nach Antagonisten-Behandlung. Dennoch zeigen beide Gene eine klare PPARβ/δ-Abhängigkeit, da deren Expression direkt mit dem vorhandenen PPARβ/δ-Niveau korreliert (Abb. 4.2b). Wie PPARβ/δ diese Klasse von Genen reguliert, bleibt indes noch vollkommen ungeklärt.

	Gene	PPRE-abhängige Bindung	Induktion durch Agonisten	Kinetik der Induktion	Repression durch Antagonisten	Effekt der PPARD-siRNA
Klasse I	ANGPTL4	ja	+++ 15-fach	schnell (3h)	+	hoch
	ADRP	ja	++ 5-fach	schnell (3h)	+	hoch
Klasse II	CPT1A	ja	+ 2-fach	langsam (6h)	++	-
	SLC25A20	ja	+ 2-fach	langsam (6h)	++	-
Klasse III	LEO1	nein	-	-	-	runter
	DIAPH1	nein	-	-	-	runter

Tabelle 5.1 Klassifizierung von PPARβ/δ-Zielgenen. *n-fache Anreicherung aus ChIP (PPARβ/δ-Antikörper gegen IgG-Kontrolle).

Die gewonnen Daten des ersten Teils dieser Arbeit zeigen eindeutig, dass verschiedene Klassen von PPARβ/δ-Zielgenen existieren. Es ist vorstellbar, dass unterschiedlich zusammengesetzte Proteinkomplexe auf den *Enhancern* der einzelnen Gene die diversen Antworten der PPARβ/δ-Aktivierung erklären. Unveröffentlichte Daten unserer Arbeitsgruppe unterstützen diese Hypothese. So bindet an die genomische Region im Bereich des PPREs des *ANGPTL4*-Lokus bevorzugt der Ko-Repressor SMRT, während im *CPT1A*-Lokus neben einer geringeren SMRT-Bindung zusätzlich eine geringe Anreicherung des Ko-Repressors SIN3A zu beobachten ist. Dabei ist anzumerken, dass verschiedene Ko-Repressoren den Aufbau unterschiedlicher Ko-Repressor-Komplexe mit anderen Aktivitäten verursachen. So führt die Anwesenheit von SIN3A neben der Rekrutierung von Histondeacetylasen zu einer Umstrukturierung des Chromatins durch *Remodelling*-Komplexe (siehe Übersichtsartikel (Perissi, Jepsen et al.). Im Folgenden erfordert die Aktivierung der Transkription durch Agonisten Gen-abhängig verschiedene Ereignisse. Diese können sich zeitlich unterscheiden und resultieren in abweichenden Kinetiken der Aktivierung der Genexpression. Desweiteren ist unklar, welche Ko-Aktivator-Komplexe die Expression der einzelnen Gene regulieren. Auch hier können abweichende Zusammensetzungen unterschiedliche Antworten auf die PPARβ/δ-Aktivierung hervorrufen. Welche Komplexe sich auf den jeweiligen Genen formieren und ob sie bei den einzelnen Klassen übereinstimmen, soll durch weitere ChIP-Experimente genauer geklärt werden. Interessanterweise scheint die Klassifizierung der Zielgene nicht generell auf alle Zelltypen anwendbar, da die Expression des in Klasse II zugeordneten Gens *CPT1A* in humanen Leberkarzinomzellen (HepG2) durch PPARβ/δ-Depletion ansteigt. Dies ist ein Charakteristikum der Klasse I und kann durch Zelltyp-spezifische Expression von Ko-Faktoren erklärt werden. Dass die Einteilung von PPARβ/δ-Zielgenen deutlich komplizierter ist, als diese hier vorgestellte Klassifizierung, zeigen neuere Erkenntnisse der Arbeitsgruppe. Neben den Klasse I-Genen gibt es Gene, deren Expression nach Agonisten-Behandlung nicht induziert wird, jedoch nach PPARβ/δ-*Knockdown* ansteigt. Es wird deutlich, dass sich die transkriptionelle Regulation durch den Kernrezeptor PPARβ/δ vielfach komplexer gestaltet, als das oft verwendete Modell es darstellt (Abb. 2.2). Vollkommen unklar ist in diesem Zusammenhang die Regulation der Gene, die kein PPRE aufweisen (Klasse III) und die Liganden-unabhängig gesteuert werden. Bisher wurde keines dieser Gene mit PPARβ/δ assoziiert, trotzdem sinkt deren Expression nach PPARβ/δ-Herrunterregulation (Abb. 4.2b). Es ist vorstellbar, dass die Expression dieser Gene indirekt von PPARβ/δ abhängt. Fraglich ist, ob die Effekte der Depletion PPARβ/δ-spezifisch sind und wie die PPARβ/δ-Bindung am Genlokus vermittelt wird. Zum jetzigen Zeitpunkt ist es schwierig ein Modell für die Mechanismen dieser Regulation zu entwerfen. Besonders für die Klasse III-Gene sind daher weiterführende Untersuchungen notwendig.

5. 2 *Cross-talk* des TGFβ- und PPARβ/δ-Signalwegs

Die Deletion von *Ppard* resultiert in einer Hemmung des Wachstums syngener *Ppard*-positiver Tumoren, einhergehend mit einem stark veränderten hyperplastischen Tumorstroma und einer abnormalen Menge an Myofibroblasten sowie dem Fehlen von ausgereiften Tumorblutgefäßen (Müller-Brüsselbach, Kömhoff et al. 2007). Dieser Phänotyp des Tumorstromas in *Ppard*-negativen Mäusen führte zur Hypothese, dass PPARβ/δ mit Zytokin-Signalwegen interagiert. Da das Zytokin TGFβ eine Schlüsselrolle in der Funktion des Tumorstromas spielt, wurde in dieser Arbeit untersucht, ob die transkriptionellen Auswirkungen des TGFβ-Signalwegs durch den PPARβ/δ Agonisten GW501516 in der Myofibroblastenlinie WPMY-1 beeinflusst werden. Die gewonnenen *Microarray*-Daten (siehe Kapitel 4.2.1) unterstützen eindeutig diese Annahme. Es konnten 34 annotierte Gene und 124 Transkripte mit unbekannten Funktionen identifiziert werden, die eine kooperative Induktion durch Behandlung mit beiden Liganden zeigten, während eine kooperative Repression nur bei 3 Sonden nachgewiesen werden konnte (Abb.

4.3b/c). Interessanterweise konnten viele dieser Gene nicht durch einen einzelnen Liganden induziert werden, was durch die relativ kleine Überlappung (12 annotierte Gene, 6 Transkripte unbekannter Funktion) in Abb. 4.3a zu sehen ist. Dieses Ergebnis deutet auf eine Sensibilisierung eines Liganden auf die Stimulation des anderen Liganden hin.

Die synergistische Induktion durch TGFβ und GW501516 wurde für eine Reihe von Genen mittels RT-qPCR bestätigt (Abb. 4.4). Dazu gehören Gene, die eine potentiell interessante Funktion im biologischen Kontext von TGFβ und PPARβ/δ besitzen. Sie weisen auf einen *cross-talk* beider Signalwege in biologischen Prozessen hin, die mit der Funktion des Tumorstroma, mit der Tumorprogression und dem Metabolismus im Zusammenhang stehen.

LIPG kodiert die endotheliale Lipase, ein Enzym, das eine wichtige Funktion im Metabolismus der Plasma-Lipoproteine und bei der Modulation der Atherosklerose besitzt (Brown and Rader 2007). Das Gen *THBS1* kodiert das Protein Thrombospondin-1, welches eine essentielle Rolle bei der Angiogenese einnimmt (Moserle, Amadori et al. 2009). Cytochrom P450 24A1, was durch *CYP24A1* kodiert wird, initiiert den Abbau des 1,25-Dihydroxyvitam D3 und agiert somit nicht nur bei der Calcium-Homöostase sondern auch bei der Tumorigenese, indem es die lokalen krebshemmenden Effekte von 1,25-Dihydroxyvitam D3 auflöst (King, Beer et al. 2010). *„Angiopoietin-like 4"*, was durch das *ANGPTL4*-Gen kodiert wird, spielt eine entscheidende Rolle im peripheren Triglycerid-Metabolismus und wurde mit der Tumorprogression und der Metastasierung in Verbindung gebracht (Mandard, Zandbergen et al. 2004; Galaup, Cazes et al. 2006; Padua, Zhang et al. 2008; Hu, Fan et al. 2009). Da *ANGPTL4* den stärksten synergistischen Effekt durch Behandlung mit beiden Liganden (TGFβ und GW501516) zeigte, wurde der Fokus auf die Regulation dieses Gens gelegt.

5.3 PPAR-E, ein PPAR-induzierbarer intronischer *Enhancer* des *ANGPTL4*-Gens

Von allen PPARβ/δ-Zielgenen zeigte *ANGPTL4* mit Abstand die stärkste Antwort auf GW501516 (ca. 7-fach, siehe *Microarray* beschrieben in Abb. 4.1), gefolgt von *ADRP* (2,5-fach). Ähnliche Ergebnisse wurden in unserer Arbeitsgruppe auch mit anderen Zelllinien beobachtet, einschließlich humaner Fibroblasten WI-38 und C2C12 Zellen (murine Myoblasten), in denen *ANGPTL4* als stärkstes PPARβ/δ-Zielgen identifiziert werden konnte (unveröffentlichte Daten). Die in dieser Arbeit vorgestellten Daten zeigen, dass der

Diskussion

PPAR-E die einzige Region des *ANGPTL4*-Lokus innerhalb einer Länge von mehreren hundert kb in beide Richtungen des Transkriptionsstart darstellt, die *in vivo* von PPARβ/δ besetzt wird (Abb. 4.8a/b und unveröffentlichte ChIP-Seq Daten). Desweiteren reicht der PPAR-E aus, um sowohl die starke Antwort auf GW501516 als auch die synergistische Aktivierung durch TGFβ und GW501516 in Luziferase-Reporter-Assays zu rekapitulieren (Abb. 4.20). Diese Ergebnisse weisen eindeutig auf spezifische Besonderheiten des PPAR-E hin, die die ungewöhnliche Antwort auf PPARβ/δ Liganden verursachen. Dies soll im Folgenden detaillierter besprochen werden.

1. Der PPAR-E enthält mindestens drei benachbarte funktionelle PPREs, was eine frühere Studie erweitert, in der beschrieben wird, dass ein einzelnes PPRE (PPRE3 in Abb. 4.8) die Induktion von *ANGPTL4* durch PPARs vermittelt (Mandard, Zandbergen et al. 2004). Wie Bindungsassays zeigen konnten, interagiert jedes der drei PPREs mit PPARβ/δ:RXRα Heterodimeren *in vitro* (Abb. 4.9). Unveröffentliche ChIP-Daten, die auf eine *in vivo* Besetzung der PPARβ/δ:RXRα-Komplexe auf allen drei PPREs deuten, ergänzen dieses Ergebnis (Daten nicht gezeigt). Desweiteren ist jedes der drei PPREs GW501516-induzierbar (Abb. 4.10). Nach heutiger Kenntnis ist *ANGPTL4* das einzige PPARβ/δ-Zielgen, das durch mehr als zwei benachbarte PPREs gesteuert wird.

2. Das PPRE2, das die stärkste Antwort auf exogene PPARβ/δ-Expression und GW501516-Behandlung zeigte (Abb. 4.10), unterscheidet sich strukturell von den klassischen PPREs, d. h. von einem DR1 Element mit der Konsensus-Sequenz AGGNCA A AGGTCA (Palmer, Hsu et al. 1995; Heinäniemi, Uski et al. 2007). Während das PPRE1 und PPRE3 dem Konsensus-DR1 Motiv der Software Genomatix MatInspector RGGNCA A AGGTCA ähneln, weicht die PPRE2 Sequenz wesentlich von der Konsensus-Sequenz der 3' Halbseite ab (GG anstelle von TC), was eine neue Art von PPRE mit zwei identischen Halbseiten darstellt (AGGGGA A AGGGGA). Es konnte gezeigt werden, dass das klassische DR1 Element funktionell asymmetrisch ist, wobei die 5'-Halbseite von PPAR und die 3'-Halbseite von RXR besetzt wird (Gampe, Montana et al. 2000). Die EMSA-Daten deuten darauf hin, dass PPARβ/δ:RXRα Heterodimere effizient mit dem PPRE2 interagieren können (Abb. 4.9). Dadurch stellt sich die Frage, ob die Bindung von PPAR-Komplexen an das ungewöhnliche PPRE2 eine spezifische Konformationsänderung induziert, was zu einer veränderten Bindung von Ko-Regulatoren *in vivo* führt. Die erhöhte Rekrutierung von PPAR:RXR Komplexen *in vivo* (Daten nicht

gezeigt), die nicht in *in vitro* Bindungsassays zu sehen ist, stützt diese Hypothese.

3. Ein wichtiger Befund, der in diesem Zusammenhang relevant ist, stellt die fehlende Induzierbarkeit des PPRE2 durch den RXR-Agonisten 9-*cis* Retinsäure dar (Abb. 4.11). Das Vorhandensein von speziellen Komplexen und/oder einer Konformationsänderung, die die Ligandenbindungstasche von RXR unerreichbar für Liganden macht, könnte diese Beobachtung ebenfalls erklären.

5.4 TGF-E, ein TGFβ-induzierbarer stromaufwärts-gelegener *Enhancer* des *ANGPTL4*-Gens

SMAD3/4-Abhängigkeit

Wie die siRNA-vermittelte Depletion zeigt, ist SMAD3 unerlässlich für eine vollständige Aktivierung der *ANGPTL4*-Expression durch TGFβ (Abb. 4.15a). Die ChIP-basierte Suche nach SMAD3-Bindung innerhalb von 10 kb in beide Richtungen des TS von *ANGPTL4* erbrachte drei Regionen, die von SMAD3 *in vivo* besetzt werden (Abb. 4.12b). Die Region A (-8,5 kb relativ zum TS) erwies sich hierbei als ein *bona fide* TGFβ-regulierter *Enhancer*:

1. Das 1 kb lange genomische Fragment, das die SMAD3-Bindestelle einschließt, zeigte eine Induzierbarkeit durch TGFβ im Luziferase-Reporter-Assay (Abb. 4.12b/20).
2. An diese Bindestelle wurde unter TGFβ-Behandlung SMAD3 rekrutiert (Abb. 4.19).
3. TGFβ-Stimulation führte ebenfalls zur Rekrutierung von CBP in diesem Bereich (Abb. 4.19). Im Gegensatz hierzu zeigten weder die Region B (-2 kb relativ zum TS), noch der PPAR-E eine TGFβ-Induzierbarkeit im Luziferase-Reporter-Assay. Dies lässt die Schlussfolgerung zu, dass die Region A (TGF-E) notwendig und hinreichend für eine TGFβ-vermittelte Induktion des *ANGPTL4* Gens ist. Mithilfe verschiedener Deletionsmutanten konnte die Region A auf den Bereich -8401/-8170 weiter eingegrenzt werden (Abb. 4.13).

Ein weiteres Rezeptor-assoziiertes SMAD, SMAD2, ist für die Aktivierung der *ANGPTL4*-Expression durch TGFβ abkömmlich. Dies zeigte die siRNA-vermittelte Depletion (Abb. 4.15a). Eine siRNA (siRNA2) verursachte sogar einen Anstieg der TGFβ-Antwort, was eventuell durch die Beteiligung der kurzen inhibitorischen SMAD2-Variante begründet werden könnte (Yagi, Goto et al. 1999; Ueberham, Lange et al. 2009). Dieses Ergebnis unterscheidet sich deutlich von dem klassischen TGFβ-Zielgen *PAI1*, bei dem neben SMAD3 auch SMAD2 unentbehrlich für eine vollständige Aktivierung ist (Abb. 4.15b). Die siRNA-vermittelte Depletion von SMAD4 besitzt hingegen einen inhibitorischen Effekt auf die TGFβ-Induzierbarkeit, vergleichbar mit dem *Knockdown* von SMAD3 (Abb. 4.15a). Übereinstimmend mit diesem Ergebnis wurde 2008 veröffentlicht, dass SMAD4 für eine Induktion des *ANGPTL4*-Gens durch TGFβ in humanen Brustkarzinomzelllinien benötigt wird (Padua, Zhang et al. 2008). Es scheint jedoch, dass die Anwesenheit von SMAD4 keine absolute Erfordernis darstellt, da die Depletion von SMAD4 die *ANGPTL4*-Induktion nur teilweise inhibiert ist, während die *PAI1*-Induktion vollständig gehemmt ist (Abb. 4.15b). Dementsprechend konnte beobachtet werden, dass verschiedene SMAD4-defiziente Zelllinien (Pankreaskrebszelllinien: Capan-1, Capan-2; Brustkrebszelllinie: MDA-MB-468) zur Induktion von *ANGPTL4* durch TGFβ fähig sind (Abb. 4.18). Dies unterstützt die Ansicht, dass SMAD4 zwar bei der Aktivierung der *ANGPTL4*-Expression durch TGFβ beteiligt, aber nicht essentiell ist.

RUNX2/ETS1/AP1-Abhängigkeit

Neben den SMADs spielen auch andere Transkriptionsfaktoren eine wesentliche Rolle. Die Mutation eines RUNX-Bindeelements (RBE) oder eines SMAD-Bindeelements (SBE) im TGF-E hob die TGFβ-Induzierbarkeit im Luziferase-Reporter-Assay auf (Abb. 4.14). Desweiteren verminderten die Mutationen zweier alternativer SBEs, einer ETS1-Bindestelle (EBS) oder einer AP1-Bindestelle innerhalb desselben *Enhancer*-Fragments auch die TGFβ-Induktion um fast 50% (Abb. 4.14). Übereinstimmend mit diesen Ergebnissen zeigte die siRNA-vermittelte Depletion von ETS1 und RUNX2 einen inhibitorischen Effekt auf die TGFβ-Induzierbarkeit (Abb. 4.16). Wie die AP1-Familienmitglieder an der Regulation der *ANGPTL4*-Expression durch TGFβ beteiligt sind, bleibt indes noch ungeklärt. Die siRNA-vermittelte Depletion von FRA1 und JUND führte zu einem Anstieg der TGFβ-Antwort, was auf eine inhibitorische Rolle der beiden Transkriptionsfaktoren hinweist und bereits für andere Zielgene beschrieben wurde (Venugopal and Jaiswal 1996; Chen, Xiao et al. 2008; Xiao, Rao et al. 2010). Andererseits konnte keine Abnahme der TGFβ-Antwort durch die Depletion des aktivatorischen Familienmitglieds c-JUN nachgewiesen werden (Abb. 4.17). Die Tatsache, dass die Mutation der AP1-Bindestelle zu einer verminderten TGFβ-Induzierbarkeit führt und dass die Anwesenheit von FOS/JUN-Faktoren mittels ChIP-Analyse gezeigt wurde, deutet jedoch auf eine Beteiligung bei der TGFβ-Regulation des *ANGPTL4*-Gens hin. Die Transkriptionsfaktoren ETS1, RUNX1 und AP1 sind bei der Induktion anderer TGFβ-Zielgene beteiligt, wobei sie meist eine DNA-verankernde Funktion von SMAD3 besitzen (Yingling, Datto et al. 1997; Zhang, Feng et al. 1998; Leboy, Grasso-Knight et al. 2001; Lindemann, Ballschmieter et al. 2001; Jinnin, Ihn et al. 2004; Javed, Bae et al. 2008; Koinuma, Tsutsumi et al. 2009). Diese Daten untermauern die Hypothese, dass TGFβ die Bildung eines Multiprotein-Komplexes auf dem TGF-E auslöst, welcher aus diversen Bindestellen für Transkriptionsfaktoren besteht. Hierbei sind Mitglieder der ETS, RUNX und FOS/JUN Familien eingeschlossen, die SMAD3 oder SMAD3/4 an benachbarte SBEs verankern. Die Tatsache, dass viele Transkriptionsfaktoren in Zusammenarbeit mit den SMADs an den TGF-E binden, könnte erklären, warum die Expression von SMAD4 nicht absolut für die TGFβ-vermittelte *ANGPTL4*-Induktion benötigt wird.

5.5 Synergistische Regulation des *ANGPTL4*-Gens durch TGFβ und PPARβ/δ

Offenbar wird die TGFβ- und PPARβ/δ-Induzierbarkeit durch funktional und räumlich unterschiedliche Regionen des *ANGPTL4*-Gens, dem TGF-E und PPAR-E, die ca. 12 kb voneinander getrennt sind, bestimmt. Diese beiden *Enhancer* kooperieren bei der transkriptionellen Regulation in einer synergistischen Weise, was auf endogener Transkriptionsebene und im artifiziellen Luziferase-Reporter-Assay nachgewiesen werden konnte (Abb. 4.5/6/20). Diese Interaktion kann durch zwei Modelle erklärt werden.

Das erste Modell postuliert, dass es einen direkten Kontakt des TGF-E und PPAR-E gibt, der zu einem Anstieg der transkriptionellen Aktivität führt (Abb. 5.1). Trotz der Beobachtung, dass die Rekrutierung von SMAD3 nicht durch GW501516 allein moduliert wird (Abb. 4.21a) und dass die PPARβ/δ-Bindung nicht durch TGFβ beeinflusst wird, ist es vorstellbar, dass der Proteinkomplex, der sich auf einem der beiden *Enhancer* Regionen bildet, die Rekrutierung von Ko-Faktoren an die andere Region beeinflusst. Die Folge wäre eine veränderte Chromatinstruktur, die die Aktivierung der Transkription begünstigt. Wenn es tatsächlich ein *Looping* zwischen den beiden Regionen TGF-E und PPAR-E geben sollte, stellt sich die Frage, wie diese Struktur hergestellt wird. Die in dieser Arbeit präsentierten Daten zeigen, dass TGFβ die Bindung von SMAD3 und ETS1 an den PPAR-

Diskussion

E induziert, der zudem mit AP1 und RUNX2 interagiert (Abb. 4.19). Desweiteren binden SMAD3, ETS1 und AP1 ebenfalls an den TGF-E und an die Region B (-2 kb relativ zum TS). Es ist somit denkbar, dass diese Transkriptionsfaktoren direkt an der Ausbildung eines *Loops* zwischen den beiden *Enhancer* Regionen und vielleicht auch mit der Region B beteiligt sind.

In einem alternativen Modell agieren die beiden *Enhancer* Regionen TGF-E und PPAR-E funktionell miteinander, wobei eine direkte physische Interaktion fehlt. Es ist möglich, dass sich die einzelnen Chromatin-Modifikationen und/oder die Proteine, die zur Umstrukturierung des Chromatins führen, an den unterschiedlichen zwei *Enhancern* in einer synergistischen Weise ergänzen. Dies kann durch komplementierende Effekte bei der Bildung des Präinitiationskomplex (PIC) geschehen. Zudem ist es denkbar, dass die Proteinkomplexe, die mit den beiden *Enhancern* interagieren, verschiedene Stufen der Transkription beeinflussen, zum Beispiel den Aufbau des PIC und die Promotor *Clearance* (das Ablösen der RNA Polymerase II vom Promotor).

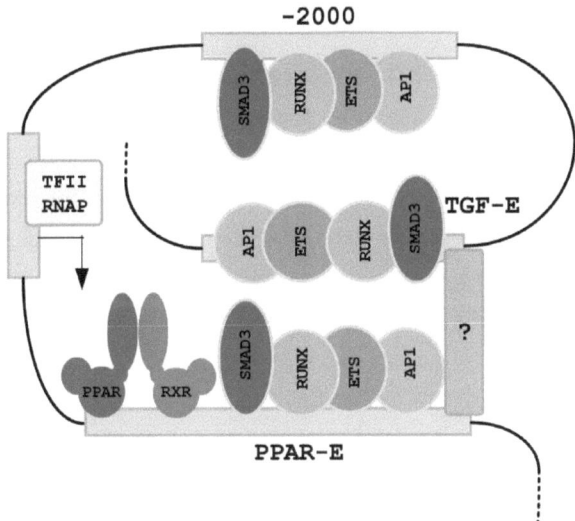

Abb. 5.1 Modell der putativen Interaktionen zwischen verschiedenen funktionellen Regionen des *ANGPLT4*-Gens. Schematische Darstellung. Das Modell postuliert eine direkte physische Interaktion zwischen TGF-E und PPAR-E, welche auch die Region B einbezieht. Diese Interaktion wird vermutlich durch Transkriptionsfaktoren am TGF-E hergestellt, die sowohl an SMAD3 binden als auch an anderen Transkriptionsfaktoren, die am PPAR-E und möglicherweise an die Region B rekrutiert werden. Die Folge ist eine verstärkte Transkription durch Auflockerung des Chromatins und durch Kontakt mit der basalen Transkriptionsmaschinerie.

Interessanterweise scheint die synergistische Aktivierung von *ANGPTL4* durch TGFβ und PPARβ/δ unabhängig von Ko-Repressoren zu erfolgen. Bei Hemmung der Translation durch Cycloheximid steigt das Basalniveau der *ANGPTL4*-Expression deutlich an (siehe Abb. 4.6), was durch einen Wegfall von kurzlebigen Ko-Repressoren erklärt werden könnte. So ist beschrieben, dass die Proteinmenge des Ko-Repressors SMRT unter Cycloheximid-Behandlung stark abnimmt (Stanya, Liu et al. 2010). Die alleinige Behandlung mit GW oder TGFβ führt in diesem dereprimierten Zustand zu keiner signifkanten Induktion. Diese Beobachtung weist darauf hin, dass die Derepression der Transkription einen größeren Anteil an der Induktion durch Liganden einnimmt als die Rekrutierung von Ko-Aktivatoren. Im Gegensatz dazu findet die synergistische Aktivierung von *ANGPTL4* durch TGFβ und GW auch unter Translationshemmung statt. Es ist somit denkbar, dass die kooperative Induktion durch ein Zusammenwirken verschiedener Ko-Aktivatoren vermittelt wird. Diese Beobachtungen liefern Ansatzpunkte für weitere Untersuchungen der Mechanismen der synergistischen Regulation von *ANGPTL4* durch TGFβ und PPARβ/δ.

5.6 Biologische Funktion der synergistischen Regulation von *ANGPTL4* durch TGFβ und PPARβ/δ

Wie im vorangegangenen Kapitel diskutiert wurde, wird die Expression des Gens *ANGPTL4* in einer synergistischen Weise durch die beiden Signalwege TGFβ und PPARβ/δ reguliert. Der Anstieg der Genexpression erfolgt bereits nach kurzer Zeit (1 h) und bleibt über einen längeren Zeitraum stark erhalten (teilweise über 100-fach nach 48 h, nicht gezeigte Daten). Die synergistische Induktion wird somit nicht direkt durch negative Rückkopplungs-mechanismen beeinflusst. Es stellt sich die Frage nach dem biologischen Sinn dieser starken Aktivierung, die nicht auf einzelne Zelltypen beschränkt ist, sondern neben Myofibroblasten auch in Endothelzellen und Epithelzellen auftritt (Abb. 4.5). Die bisher angenommene Hauptfunktion von ANGPTL4 ist die Inhibition der Lipoproteinlipase und der damit einhergehende Anstieg von Fettsäuren im Plasma. Dieser Prozess wird hauptsächlich durch PPARs reguliert und besitzt z.B. eine wichtige Rolle bei der Bereitstellung von nicht-veresterten Fettsäuren aus dem weißen Fettgewebe zur Verbrennung im gestressten Muskel (bei Nahrungsentzug oder Belastung) (Staiger, Haas et al. 2009) oder schützt Herzmuskelzellen vor Fettsäure-induziertem oxidativen Stress

(Georgiadi, Lichtenstein et al.). Oftmals ist eine starke *ANGPTL4*-Expression jedoch in hypoxischen Geweben zu finden, die zum Teil über 100-fach ansteigt. Bereits 2002 beschrieben Belanger und Kollegen eine synergistische Aktivierung der *ANGPTL4*-Expression durch HIF-1α und PPARα in Ratten-Kardiomyozyten (Belanger, Lu et al. 2002). Die Funktion von ANGPTL4 bei hypoxischen Ereignissen ist jedoch noch nicht endgültig geklärt. Es gibt verschiedene Studien, die eine pro-angiogene Wirkung von ANGPTL4 postulieren. Interessanterweise zeigten Zhang und Kollegen 2003, dass neben dem Transkriptionsfaktor HIF-1α auch der TGFβ Signalweg durch Hypoxie aktiviert wird (Zhang, Akman et al. 2003). Die beiden Wege ergänzen sich bei der Regulation einer Reihe von Genen, die pro-angiogen agieren (z.B. *VEGFA*, *CXCR4*) (Dunn, Mohammad et al. 2009). Es ist vorstellbar, dass eine schnelle und starke Induktion der *ANGPTL4*-Expression unter hypoxischen Bedingungen notwendig ist und nur durch die synergistische Kooperation verschiedener Signalwege gewährleistet wird. So konnte in dieser Arbeit gezeigt werden, dass neben TGFβ und GW501516 verschiedene andere Liganden die Transkription von *ANGPTL4* synergistisch aktivieren einschließlich TPA, Dexamethason und 9-*cis* Retinsäure (Abb. 4.21). Eine mögliche biologische Rolle könnte die TGFβ und PPARβ/δ Kooperation im Skelettmuskel spielen. Eine stark anhaltende Beanspruchung des Muskels benötigt nicht nur die Umstellung des Metabolismus (Energiegewinnung durch β-Oxidation), die hauptsächlich durch PPARβ/δ gesteuert wird, sondern resultiert zusätzlich in der Ausbildung von Kapillaren durch eine hypoxische Umgebung. Beide Prozesse könnten durch ein Zusammenspiel der beiden Signalwege PPARβ/δ und TGFβ zur Expressionssteigerung von *ANGPTL4* führen.

Wie in der Einleitung beschrieben, wurde ANGPTL4 ebenfalls eine Rolle bei der Metastasierung zugeschrieben (Padua, Zhang et al. 2008). Die Induktion durch TGFβ in humanen Brustkarzinomzelllinien fördert die Extravasation der Krebszellen ins Lungengewebe durch Auflockerung der endothelialen Strukturen. Interessanterweise wurde eine synergistische Aktivierung der *ANGPTL4*-Expression durch TGFβ und PPARβ/δ auch in den dort verwendeten MDA-MB-231 beobachtet, was eine Interaktion der beiden Signalwege bei der Tumorigenese unterstützt. Ob es *in vivo* ebenfalls zu einer Kooperation von TGFβ und PPARβ/δ bei der Regulation von *ANGPTL4* bei der Metastasierung kommt, bleibt indes noch ungeklärt und benötigt weitere Untersuchungen. Wenn ANGPTL4 essentiell für die Infiltration der Tumorzellen in periphere Gewebe ist, stellt sich in jedem Fall die Frage, ob synthetische PPAR-Agonisten, die bereits bei der Behandlung von Diabetes mellitus oder Hyperlipidämie eingesetzt werden, die

Metastasierung fördern.

5.7 Ausblick

In der vorliegenden Arbeit wurde eine Klassifizierung von PPARβ/δ-Zielgenen vorgestellt. Die Einteilung der Gene in drei verschiedene Klassen beruht dabei auf die unterschiedliche Antwort nach Behandlung mit PPARβ/δ-Agonisten/Antagonisten und nach Depletion von PPARβ/δ. Die Mechanismen der Regulation, die zur Einteilung dieser verschiedenen Klassen führen, sind bis jetzt noch unverstanden. Desweiteren zeigen neuere Ergebnisse der Arbeitsgruppe, dass die Klassifizierung der PPARβ/δ-Zielgene weitaus komplexer ist, als hier vorgestellt. Weiterführende ChIP-Experimente, die zur Aufklärung der beteiligten Faktoren der Gen-spezifischen Proteinkomplexe dienen, stellen daher ein essentielles Thema für weitere Untersuchungen dar. Hierbei ist der Einsatz von Liganden, die ein Umschalten vom aktivatorischen (Agonisten) zum repressorischen Status (Antagonisten) und umgekehrt ermöglichen, äußerst hilfreich. Zusätzlich können anhand eines funktionellen siRNA-basierten *Screenings* PPARβ/δ Ko-Regulatoren identifiziert werden. Ergänzend ermöglichen *Yeast-two-hybrid Screens* die globale Suche nach PPARβ/δ-Interaktionspartnern.

Zusammenfassend ist festzuhalten, dass die bislang nur unzureichend verstandene Regulation der Transkription durch PPARβ/δ eine große Herausforderung für weitere Untersuchungen darstellt. Dies ist zum einen gerade im Hinblick auf den Einsatz von pharmazeutisch-relevanten synthetischen PPARβ/δ-Liganden interessant und zum anderen wichtig, um generelle Ereignisse bei der Transkriptionsregulation besser zu verstehen.

Dass ein *cross-talk* zwischen den TGFβ- und PPARβ/δ-Signalwegen existiert, belegen die gewonnenen Daten des zweiten Teils dieser Arbeit. Eine synergistische Kooperation von TGFβ und GW501516 konnte bei der Aktivierung verschiedener Gene in humanen Myofibroblasten bestätigt werden. Anhand detaillierter Studien wurde die Interaktion zweier *Enhancer*, TGF-E und PPAR-E, bei der synergistischen Aktivierung des *ANGPTL4*-Gens nachgewiesen. Zur Aufklärung der präzisen Mechanismen dieser Regulation, die neben TGF-E und PPAR-E auch die Region B einschließen könnte, werden weitere ChIP-Studien und umfangreiche *Chromatin Conformation Capture* (3C) *Assays* zur Überprüfung von DNA *Looping* Ereignissen, Histonmodifikationen, der Rekrutierung von Chromatin-modifizierenden Enzymen und der Chromatinstruktur sowie der Positionierung der RNA

Polymerase II benötigt. Schließlich ist es wichtig zu überprüfen, ob die Kooperation beider Signalwege auch auf Proteinebene zu beobachten ist. Ist dies der Fall, kann die Frage nach den biologischen Auswirkungen der synergistischen Aktivierung von *ANGPTL4* durch TGFβ und PPARβ/δ in einem *in vivo* Metastasierungsmodell anhand eines Biolumineszenz-Assays untersucht werden.

6 Literaturverzeichnis

Adamo, K. B., R. Dent, et al. (2007). "Peroxisome proliferator-activated receptor gamma 2 and acyl-CoA synthetase 5 polymorphisms influence diet response." Obesity (Silver Spring) **15**(5): 1068-75.

Arman, M., N. Aguilera-Montilla, et al. (2009). "The human CD6 gene is transcriptionally regulated by RUNX and Ets transcription factors in T cells." Mol Immunol **46**(11-12): 2226-35.

Adamo, K. B., R. Dent, et al. (2007). "Peroxisome proliferator-activated receptor gamma 2 and acyl-CoA synthetase 5 polymorphisms influence diet response." Obesity (Silver Spring) **15**(5): 1068-75.

Arman, M., N. Aguilera-Montilla, et al. (2009). "The human CD6 gene is transcriptionally regulated by RUNX and Ets transcription factors in T cells." Mol Immunol **46**(11-12): 2226-35.

Aung, C. S., H. M. Faddy, et al. (2006). "Isoform specific changes in PPAR alpha and beta in colon and breast cancer with differentiation." Biochem Biophys Res Commun **340**(2): 656-60.

Barish, G. D., V. A. Narkar, et al. (2006). "PPAR delta: a dagger in the heart of the metabolic syndrome." J Clin Invest **116**(3): 590-7.

Belanger, A. J., H. Lu, et al. (2002). "Hypoxia up-regulates expression of peroxisome proliferator-activated receptor gamma angiopoietin-related gene (PGAR) in cardiomyocytes: role of hypoxia inducible factor 1alpha." J Mol Cell Cardiol **34**(7): 765-74.

Berger, J. and D. E. Moller (2002). "The mechanisms of action of PPARs." Annu Rev Med **53**: 409-35.

Brown, R. J. and D. J. Rader (2007). "Lipases as modulators of atherosclerosis in murine models." Curr Drug Targets **8**(12): 1307-19.

Cheifetz, S., H. Hernandez, et al. (1990). "Distinct transforming growth factor-beta (TGF-beta) receptor subsets as determinants of cellular responsiveness to three TGF-beta isoforms." J Biol Chem **265**(33): 20533-8.

Chen, D., M. Zhao, et al. (2004). "Bone morphogenetic proteins." Growth Factors **22**(4): 233-41.

Chen, J., L. Xiao, et al. (2008). "JunD represses transcription and translation of the tight junction protein zona occludens-1 modulating intestinal epithelial barrier function." Mol Biol Cell **19**(9): 3701-12.

Coll, T., D. Alvarez-Guardia, et al. (2010). "Activation of peroxisome proliferator-activated receptor-{delta} by GW501516 prevents fatty acid-induced nuclear factor-{kappa}B activation and insulin resistance in skeletal muscle cells." Endocrinology **151**(4): 1560-9.

de Winter, J. P., B. A. Roelen, et al. (1997). "DPC4 (SMAD4) mediates transforming growth factor-beta1 (TGF-beta1) induced growth inhibition and transcriptional response in breast tumour cells." Oncogene **14**(16): 1891-9.

Derynck, R. and R. J. Akhurst (2007). "Differentiation plasticity regulated by TGF-beta family proteins in development and disease." Nat Cell Biol **9**(9): 1000-4.

Derynck, R., J. A. Jarrett, et al. (1985). "Human transforming growth factor-beta complementary DNA sequence and expression in normal and transformed cells." Nature **316**(6030): 701-5.

Descargues, P., A. K. Sil, et al. (2008). "IKKalpha is a critical coregulator of a Smad4-

independent TGFbeta-Smad2/3 signaling pathway that controls keratinocyte differentiation." Proc Natl Acad Sci U S A **105**(7): 2487-92.

Desvergne, B. and W. Wahli (1999). "Peroxisome proliferator-activated receptors: nuclear control of metabolism." Endocr Rev **20**(5): 649-88.

Di-Poi, N., L. Michalik, et al. (2003). "The anti-apoptotic role of PPARbeta contributes to efficient skin wound healing." J Steroid Biochem Mol Biol **85**(2-5): 257-65.

Ding, G., L. Cheng, et al. (2006). "PPARdelta modulates lipopolysaccharide-induced TNFalpha inflammation signaling in cultured cardiomyocytes." J Mol Cell Cardiol **40**(6): 821-8.

Dowell, P., J. E. Ishmael, et al. (1997). "p300 functions as a coactivator for the peroxisome proliferator-activated receptor alpha." J Biol Chem **272**(52): 33435-43.

Dunn, L. K., K. S. Mohammad, et al. (2009). "Hypoxia and TGF-beta drive breast cancer bone metastases through parallel signaling pathways in tumor cells and the bone microenvironment." PLoS One **4**(9): e6896.

Dunn, N. R., C. H. Koonce, et al. (2005). "Mice exclusively expressing the short isoform of Smad2 develop normally and are viable and fertile." Genes Dev **19**(1): 152-63.

Engel, M. E., M. A. McDonnell, et al. (1999). "Interdependent SMAD and JNK signaling in transforming growth factor-beta-mediated transcription." J Biol Chem **274**(52): 37413-20.

Escher, P. and W. Wahli (2000). "Peroxisome proliferator-activated receptors: insight into multiple cellular functions." Mutat Res **448**(2): 121-38.

Fauti, T., S. Müller-Brüsselbach, et al. (2006). "Induction of PPARbeta and prostacyclin (PGI2) synthesis by Raf signaling: failure of PGI2 to activate PPARbeta." FEBS J **273**(1): 170-9.

Feige, J. N., L. Gelman, et al. (2005). "Fluorescence imaging reveals the nuclear behavior of peroxisome proliferator-activated receptor/retinoid X receptor heterodimers in the absence and presence of ligand." J Biol Chem **280**(18): 17880-90.

Feng, X. H. and R. Derynck (2005). "Specificity and versatility in tgf-beta signaling through Smads." Annu Rev Cell Dev Biol **21**: 659-93.

Fields, W. R., J. G. Desiderio, et al. (2001). "Quantification of changes in c-myc mRNA levels in normal human bronchial epithelial (NHBE) and lung adenocarcinoma (A549) cells following chemical treatment." Toxicol Sci **63**(1): 107-14.

Fink, S. P., D. Mikkola, et al. (2003). "TGF-beta-induced nuclear localization of Smad2 and Smad3 in Smad4 null cancer cell lines." Oncogene **22**(9): 1317-23.

Forman, B. M., J. Chen, et al. (1997). "Hypolipidemic drugs, polyunsaturated fatty acids, and eicosanoids are ligands for peroxisome proliferator-activated receptors alpha and delta." Proc Natl Acad Sci U S A **94**(9): 4312-7.

Fowler, M., E. Borazanci, et al. (2006). "RUNX1 (AML-1) and RUNX2 (AML-3) cooperate with prostate-derived Ets factor to activate transcription from the PSA upstream regulatory region." J Cell Biochem **97**(1): 1-17.

Funaba, M., C. M. Zimmerman, et al. (2002). "Modulation of Smad2-mediated signaling by extracellular signal-regulated kinase." J Biol Chem **277**(44): 41361-8.

Galaup, A., A. Cazes, et al. (2006). "Angiopoietin-like 4 prevents metastasis through inhibition of vascular permeability and tumor cell motility and invasiveness." Proc Natl Acad Sci U S A **103**(49): 18721-6.

Gampe, R. T., Jr., V. G. Montana, et al. (2000). "Asymmetry in the PPARgamma/RXRalpha crystal structure reveals the molecular basis of heterodimerization among nuclear receptors." Mol Cell **5**(3): 545-55.

Ge, H., G. Yang, et al. (2004). "Oligomerization and regulated proteolytic processing of angiopoietin-like protein 4." J Biol Chem **279**(3): 2038-45.

Gealekman, O., A. Burkart, et al. (2008). "Enhanced angiogenesis in obesity and in response to PPARgamma activators through adipocyte VEGF and ANGPTL4 production." Am J Physiol Endocrinol Metab **295**(5): E1056-64.

Gelman, L., G. Zhou, et al. (1999). "p300 interacts with the N- and C-terminal part of PPARgamma2 in a ligand-independent and -dependent manner, respectively." J Biol Chem **274**(12): 7681-8.

Gentry, L. E. and B. W. Nash (1990). "The pro domain of pre-pro-transforming growth factor beta 1 when independently expressed is a functional binding protein for the mature growth factor." Biochemistry **29**(29): 6851-7.

Georgiadi, A., L. Lichtenstein, et al. "Induction of Cardiac Angptl4 by Dietary Fatty Acids Is Mediated by Peroxisome Proliferator-Activated Receptor {beta}/{delta} and Protects Against Fatty Acid-Induced Oxidative Stress." Circ Res.

Giehl, K., Y. Imamichi, et al. (2007). "Smad4-independent TGF-beta signaling in tumor cell migration." Cells Tissues Organs **185**(1-3): 123-30.

Girroir, E. E., H. E. Hollingshead, et al. (2008). "Peroxisome proliferator-activated receptor-beta/delta (PPARbeta/delta) ligands inhibit growth of UACC903 and MCF7 human cancer cell lines." Toxicology **243**(1-2): 236-43.

Grau, A. M., L. Zhang, et al. (1997). "Induction of p21waf1 expression and growth inhibition by transforming growth factor beta involve the tumor suppressor gene DPC4 in human pancreatic adenocarcinoma cells." Cancer Res **57**(18): 3929-34.

Gray, A. M. and A. J. Mason (1990). "Requirement for activin A and transforming growth factor--beta 1 pro-regions in homodimer assembly." Science **247**(4948): 1328-30.

Guo, B., K. Inoki, et al. (2005). "MAPK/AP-1-dependent regulation of PAI-1 gene expression by TGF-beta in rat mesangial cells." Kidney Int **68**(3): 972-84.

Gupta, R. A., J. Tan, et al. (2000). "Prostacyclin-mediated activation of peroxisome proliferator-activated receptor delta in colorectal cancer." Proc Natl Acad Sci U S A **97**(24): 13275-80.

Gurnell, M., J. M. Wentworth, et al. (2000). "A dominant-negative peroxisome proliferator-activated receptor gamma (PPARgamma) mutant is a constitutive repressor and inhibits PPARgamma-mediated adipogenesis." J Biol Chem **275**(8): 5754-9.

Hanai, J., L. F. Chen, et al. (1999). "Interaction and functional cooperation of PEBP2/CBF with Smads. Synergistic induction of the immunoglobulin germline Calpha promoter." J Biol Chem **274**(44): 31577-82.

Harman, F. S., C. J. Nicol, et al. (2004). "Peroxisome proliferator-activated receptor-delta attenuates colon carcinogenesis." Nat Med **10**(5): 481-3.

Harmon, M. A., M. F. Boehm, et al. (1995). "Activation of mammalian retinoid X receptors by the insect growth regulator methoprene." Proc Natl Acad Sci U S A **92**(13): 6157-60.

Hart, P. J., S. Deep, et al. (2002). "Crystal structure of the human TbetaR2 ectodomain--TGF-beta3 complex." Nat Struct Biol **9**(3): 203-8.

He, T. C., T. A. Chan, et al. (1999). "PPARdelta is an APC-regulated target of nonsteroidal anti-inflammatory drugs." Cell **99**(3): 335-45.

He, W., D. C. Dorn, et al. (2006). "Hematopoiesis controlled by distinct TIF1gamma and Smad4 branches of the TGFbeta pathway." Cell **125**(5): 929-41.

Heery, D. M., E. Kalkhoven, et al. (1997). "A signature motif in transcriptional co-activators mediates binding to nuclear receptors." Nature **387**(6634): 733-6.

Heinäniemi, M., J. O. Uski, et al. (2007). "Meta-analysis of primary target genes of peroxisome proliferator-activated receptors." Genome Biol **8**(7): R147.

Hihi, A. K., L. Michalik, et al. (2002). "PPARs: transcriptional effectors of fatty acids and their derivatives." Cell Mol Life Sci **59**(5): 790-8.

Hollenhorst, P. C., K. J. Chandler, et al. (2009). "DNA specificity determinants associate with distinct transcription factor functions." PLoS Genet **5**(12): e1000778.

Hollingshead, H. E., M. G. Borland, et al. (2008). "Ligand activation of peroxisome proliferator-activated receptor-beta/delta (PPARbeta/delta) and inhibition of cyclooxygenase 2 (COX2) attenuate colon carcinogenesis through independent signaling mechanisms."

Carcinogenesis **29**(1): 169-76.

Hollingshead, H. E., R. L. Killins, et al. (2007). "Peroxisome proliferator-activated receptor-beta/delta (PPARbeta/delta) ligands do not potentiate growth of human cancer cell lines." Carcinogenesis **28**(12): 2641-9.

Hsu, M. H., C. N. Palmer, et al. (1995). "A single amino acid change in the mouse peroxisome proliferator-activated receptor alpha alters transcriptional responses to peroxisome proliferators." Mol Pharmacol **48**(3): 559-67.

Hsu, M. H., C. N. Palmer, et al. (1998). "A carboxyl-terminal extension of the zinc finger domain contributes to the specificity and polarity of peroxisome proliferator-activated receptor DNA binding." J Biol Chem **273**(43): 27988-97.

Hu, Z., C. Fan, et al. (2009). "A compact VEGF signature associated with distant metastases and poor outcomes." BMC Med **7**: 9.

Hua, X., Z. A. Miller, et al. (1999). "Specificity in transforming growth factor beta-induced transcription of the plasminogen activator inhibitor-1 gene: interactions of promoter DNA, transcription factor muE3, and Smad proteins." Proc Natl Acad Sci U S A **96**(23): 13130-5.

Huse, M., Y. G. Chen, et al. (1999). "Crystal structure of the cytoplasmic domain of the type I TGF beta receptor in complex with FKBP12." Cell **96**(3): 425-36.

Inman, G. J., F. J. Nicolas, et al. (2002). "Nucleocytoplasmic shuttling of Smads 2, 3, and 4 permits sensing of TGF-beta receptor activity." Mol Cell **10**(2): 283-94.

Inoue, I., F. Itoh, et al. (2002). "Fibrate and statin synergistically increase the transcriptional activities of PPARalpha/RXRalpha and decrease the transactivation of NFkappaB." Biochem Biophys Res Commun **290**(1): 131-9.

Issemann, I. and S. Green (1990). "Activation of a member of the steroid hormone receptor superfamily by peroxisome proliferators." Nature **347**(6294): 645-50.

Issemann, I., R. A. Prince, et al. (1993). "The retinoid X receptor enhances the function of the peroxisome proliferator activated receptor." Biochimie **75**(3-4): 251-6.

Itoh, S., F. Itoh, et al. (2000). "Signaling of transforming growth factor-beta family members through Smad proteins." Eur J Biochem **267**(24): 6954-67.

Jaeckel, E. C., S. Raja, et al. (2001). "Correlation of expression of cyclooxygenase-2, vascular endothelial growth factor, and peroxisome proliferator-activated receptor delta with head and neck squamous cell carcinoma." Arch Otolaryngol Head Neck Surg **127**(10): 1253-9.

Javed, A., J. S. Bae, et al. (2008). "Structural coupling of Smad and Runx2 for execution of the BMP2 osteogenic signal." J Biol Chem **283**(13): 8412-22.

Jinnin, M., H. Ihn, et al. (2004). "Tenascin-C upregulation by transforming growth factor-beta in human dermal fibroblasts involves Smad3, Sp1, and Ets1." Oncogene **23**(9): 1656-67.

Johnson, K., H. Kirkpatrick, et al. (1999). "Interaction of Smad complexes with tripartite DNA-binding sites." J Biol Chem **274**(29): 20709-16.

Juge-Aubry, C. E., E. Hammar, et al. (1999). "Regulation of the transcriptional activity of the peroxisome proliferator-activated receptor alpha by phosphorylation of a ligand-independent trans-activating domain." J Biol Chem **274**(15): 10505-10.

Kersten, S., D. Kelleher, et al. (1995). "Retinoid X receptor alpha forms tetramers in solution." Proc Natl Acad Sci U S A **92**(19): 8645-9.

Kersten, S., L. Pan, et al. (1995). "Role of ligand in retinoid signaling. 9-cis-retinoic acid modulates the oligomeric state of the retinoid X receptor." Biochemistry **34**(42): 13717-21.

Kilgore, K. S. and A. N. Billin (2008). "PPARbeta/delta ligands as modulators of the inflammatory response." Curr Opin Investig Drugs **9**(5): 463-9.

King, A. N., D. G. Beer, et al. (2010). "The vitamin D/CYP24A1 story in cancer." Anticancer

Agents Med Chem **10**(3): 213-24.
Kino, T., K. C. Rice, et al. (2007). "The PPARdelta agonist GW501516 suppresses interleukin-6-mediated hepatocyte acute phase reaction via STAT3 inhibition." Eur J Clin Invest **37**(5): 425-33.
Kliewer, S. A., K. Umesono, et al. (1992). "Convergence of 9-cis retinoic acid and peroxisome proliferator signalling pathways through heterodimer formation of their receptors." Nature **358**(6389): 771-4.
Koinuma, D., S. Tsutsumi, et al. (2009). "Chromatin immunoprecipitation on microarray analysis of Smad2/3 binding sites reveals roles of ETS1 and TFAP2A in transforming growth factor beta signaling." Mol Cell Biol **29**(1): 172-86.
Koliwad SK, K. T., Shipp LE, Gray NE, Backhed F, So AY, Farese RV Jr, Wang JC. (2009). "Angiopoietin-like 4 (ANGPTL4, fasting-induced adipose factor) is a direct glucocorticoid receptor target and participates in glucocorticoid-regulated triglyceride metabolism." J Biol Chem **284(38):25593-601**.
Koliwad, S. K., T. Kuo, et al. (2009). "Angiopoietin-like 4 (ANGPTL4, fasting-induced adipose factor) is a direct glucocorticoid receptor target and participates in glucocorticoid-regulated triglyceride metabolism." J Biol Chem **284**(38): 25593-601.
Komar, C. M. (2005). "Peroxisome proliferator-activated receptors (PPARs) and ovarian function--implications for regulating steroidogenesis, differentiation, and tissue remodeling." Reprod Biol Endocrinol **3**: 41.
Kostadinova, R., W. Wahli, et al. (2005). "PPARs in diseases: control mechanisms of inflammation." Curr Med Chem **12**(25): 2995-3009.
Kretzschmar, M., J. Doody, et al. (1999). "A mechanism of repression of TGFbeta/ Smad signaling by oncogenic Ras." Genes Dev **13**(7): 804-16.
Kreutzer, M., T. Fauti, et al. (2007). "Specific components of prostanoid-signaling pathways are present in non-small cell lung cancer cells." Oncol Rep **18**(2): 497-501.
Krogsdam, A. M., C. A. Nielsen, et al. (2002). "Nuclear receptor corepressor-dependent repression of peroxisome-proliferator-activated receptor delta-mediated transactivation." Biochem J **363**(Pt 1): 157-65.
Lagna, G., A. Hata, et al. (1996). "Partnership between DPC4 and SMAD proteins in TGF-beta signalling pathways." Nature **383**(6603): 832-6.
Laudet, V., C. Hanni, et al. (1992). "Evolution of the nuclear receptor gene superfamily." EMBO J **11**(3): 1003-13.
Lazennec, G., L. Canaple, et al. (2000). "Activation of peroxisome proliferator-activated receptors (PPARs) by their ligands and protein kinase A activators." Mol Endocrinol **14**(12): 1962-75.
Le Jan, S., C. Amy, et al. (2003). "Angiopoietin-like 4 is a proangiogenic factor produced during ischemia and in conventional renal cell carcinoma." Am J Pathol **162**(5): 1521-8.
Leboy, P., G. Grasso-Knight, et al. (2001). "Smad-Runx interactions during chondrocyte maturation." J Bone Joint Surg Am **83-A Suppl 1**(Pt 1): S15-22.
Lee, C. H., A. Chawla, et al. (2003). "Transcriptional repression of atherogenic inflammation: modulation by PPARdelta." Science **302**(5644): 453-7.
Lee, W., P. Mitchell, et al. (1987). "Purified transcription factor AP-1 interacts with TPA-inducible enhancer elements." Cell **49**(6): 741-52.
Lehmann, J. M., J. M. Lenhard, et al. (1997). "Peroxisome proliferator-activated receptors alpha and gamma are activated by indomethacin and other non-steroidal anti-inflammatory drugs." J Biol Chem **272**(6): 3406-10.
Lehmann, J. M., L. B. Moore, et al. (1995). "An antidiabetic thiazolidinedione is a high affinity ligand for peroxisome proliferator-activated receptor gamma (PPAR gamma)." J Biol Chem **270**(22): 12953-6.
Lemon, B., C. Inouye, et al. (2001). "Selectivity of chromatin-remodelling cofactors for ligand-

activated transcription." Nature **414**(6866): 924-8.
Lewis, B. A. and D. Reinberg (2003). "The mediator coactivator complex: functional and physical roles in transcriptional regulation." J Cell Sci **116**(Pt 18): 3667-75.
Lim, H., R. A. Gupta, et al. (1999). "Cyclo-oxygenase-2-derived prostacyclin mediates embryo implantation in the mouse via PPARdelta." Genes Dev **13**(12): 1561-74.
Lim, H. J., I. Moon, et al. (2004). "Transcriptional cofactors exhibit differential preference toward peroxisome proliferator-activated receptors alpha and delta in uterine cells." Endocrinology **145**(6): 2886-95.
Lin, X., X. Duan, et al. (2006). "PPM1A functions as a Smad phosphatase to terminate TGFbeta signaling." Cell **125**(5): 915-28.
Lindemann, R. K., P. Ballschmieter, et al. (2001). "Transforming growth factor beta regulates parathyroid hormone-related protein expression in MDA-MB-231 breast cancer cells through a novel Smad/Ets synergism." J Biol Chem **276**(49): 46661-70.
Liu, Y., L. Chen, et al. (2006). "Evi1 is a survival factor which conveys resistance to both TGFbeta- and taxol-mediated cell death via PI3K/AKT." Oncogene **25**(25): 3565-75.
Mandard, S., M. Muller, et al. (2004). "Peroxisome proliferator-activated receptor alpha target genes." Cell Mol Life Sci **61**(4): 393-416.
Mandard, S., F. Zandbergen, et al. (2004). "The direct peroxisome proliferator-activated receptor target fasting-induced adipose factor (FIAF/PGAR/ANGPTL4) is present in blood plasma as a truncated protein that is increased by fenofibrate treatment." J Biol Chem **279**(33): 34411-20.
Mandard, S., F. Zandbergen, et al. (2006). "The fasting-induced adipose factor/angiopoietin-like protein 4 is physically associated with lipoproteins and governs plasma lipid levels and adiposity." J Biol Chem **281**(2): 934-44.
Mangelsdorf, D. J., U. Borgmeyer, et al. (1992). "Characterization of three RXR genes that mediate the action of 9-cis retinoic acid." Genes Dev **6**(3): 329-44.
Mangelsdorf, D. J. and R. M. Evans (1995). "The RXR heterodimers and orphan receptors." Cell **83**(6): 841-50.
Marin, H. E., M. A. Peraza, et al. (2006). "Ligand activation of peroxisome proliferator-activated receptor beta inhibits colon carcinogenesis." Cancer Res **66**(8): 4394-401.
Martens, J. A. and F. Winston (2003). "Recent advances in understanding chromatin remodeling by Swi/Snf complexes." Curr Opin Genet Dev **13**(2): 136-42.
Massague, J. (1992). "Receptors for the TGF-beta family." Cell **69**(7): 1067-70.
Massague, J. (1998). "TGF-beta signal transduction." Annu Rev Biochem **67**: 753-91.
Massague, J. (2000). "How cells read TGF-beta signals." Nat Rev Mol Cell Biol **1**(3): 169-78.
Massague, J. (2008). "TGFbeta in Cancer." Cell **134**(2): 215-30.
Massague, J., J. Seoane, et al. (2005). "Smad transcription factors." Genes Dev **19**(23): 2783-810.
Melnikova, I. N., B. E. Crute, et al. (1993). "Sequence specificity of the core-binding factor." J Virol **67**(4): 2408-11.
Michalik, L., V. Zoete, et al. (2007). "Combined simulation and mutagenesis analyses reveal the involvement of key residues for peroxisome proliferator-activated receptor alpha helix 12 dynamic behavior." J Biol Chem **282**(13): 9666-77.
Miyata, K. S., S. E. McCaw, et al. (1994). "The peroxisome proliferator-activated receptor interacts with the retinoid X receptor in vivo." Gene **148**(2): 327-30.
Mizukami, J. and T. Taniguchi (1997). "The antidiabetic agent thiazolidinedione stimulates the interaction between PPAR gamma and CBP." Biochem Biophys Res Commun **240**(1): 61-4.
Molnar, F., M. Matilainen, et al. (2005). "Structural determinants of the agonist-independent association of human peroxisome proliferator-activated receptors with coactivators." J Biol Chem **280**(28): 26543-56.

Literaturverzeichnis

Moraes, L. A., L. Piqueras, et al. (2006). "Peroxisome proliferator-activated receptors and inflammation." Pharmacol Ther **110**(3): 371-85.

Moserle, L., A. Amadori, et al. (2009). "The angiogenic switch: implications in the regulation of tumor dormancy." Curr Mol Med **9**(8): 935-41.

Moustakas, A. and C. H. Heldin (2005). "Non-Smad TGF-beta signals." J Cell Sci **118**(Pt 16): 3573-84.

Moustakas, A., S. Souchelnytskyi, et al. (2001). "Smad regulation in TGF-beta signal transduction." J Cell Sci **114**(Pt 24): 4359-69.

Müller, R., M. Rieck, et al. (2008). "Regulation of Cell Proliferation and Differentiation by PPARbeta/delta." PPAR Res **2008**: 614852.

Müller-Brüsselbach, S., M. Kömhoff, et al. (2007). "Deregulation of tumor angiogenesis and blockade of tumor growth in PPARbeta-deficient mice." Embo J **26**(15): 3686-98.

Nakao, A., T. Imamura, et al. (1997). "TGF-beta receptor-mediated signalling through Smad2, Smad3 and Smad4." EMBO J **16**(17): 5353-62.

Naruhn, S., W. Meissner, et al. (2010). "15-hydroxyeicosatetraenoic acid is a preferential peroxisome proliferator-activated receptor beta/delta agonist." Mol Pharmacol **77**(2): 171-84.

Nawa, T., M. T. Nawa, et al. (2000). "Repression of TNF-alpha-induced E-selectin expression by PPAR activators: involvement of transcriptional repressor LRF-1/ATF3." Biochem Biophys Res Commun **275**(2): 406-11.

Nolte, R. T., G. B. Wisely, et al. (1998). "Ligand binding and co-activator assembly of the peroxisome proliferator-activated receptor-gamma." Nature **395**(6698): 137-43.

Oishi, Y., I. Manabe, et al. (2008). "SUMOylation of Kruppel-like transcription factor 5 acts as a molecular switch in transcriptional programs of lipid metabolism involving PPAR-delta." Nat Med.

Padua, D., X. H. Zhang, et al. (2008). "TGFbeta primes breast tumors for lung metastasis seeding through angiopoietin-like 4." Cell **133**(1): 66-77.

Palmer, C. N., M. H. Hsu, et al. (1995). "Novel sequence determinants in peroxisome proliferator signaling." J Biol Chem **270**(27): 16114-21.

Pardali, E., X. Q. Xie, et al. (2000). "Smad and AML proteins synergistically confer transforming growth factor beta1 responsiveness to human germ-line IgA genes." J Biol Chem **275**(5): 3552-60.

Park, B. H., B. Vogelstein, et al. (2001). "Genetic disruption of PPARdelta decreases the tumorigenicity of human colon cancer cells." Proc Natl Acad Sci U S A **98**(5): 2598-603.

Pelton, P. (2006). "GW-501516 GlaxoSmithKline/Ligand." Curr Opin Investig Drugs **7**(4): 360-70.

Peraza, M. A., A. D. Burdick, et al. (2006). "The toxicology of ligands for peroxisome proliferator-activated receptors (PPAR)." Toxicol Sci **90**(2): 269-95.

Perissi, V., K. Jepsen, et al. "Deconstructing repression: evolving models of co-repressor action." Nat Rev Genet **11**(2): 109-23.

Peters, J. M., S. S. Lee, et al. (2000). "Growth, adipose, brain, and skin alterations resulting from targeted disruption of the mouse peroxisome proliferator-activated receptor beta(delta)." Mol Cell Biol **20**(14): 5119-28.

Planavila, A., R. Rodriguez-Calvo, et al. (2005). "Peroxisome proliferator-activated receptor beta/delta activation inhibits hypertrophy in neonatal rat cardiomyocytes." Cardiovasc Res **65**(4): 832-41.

Puigserver, P., G. Adelmant, et al. (1999). "Activation of PPARgamma coactivator-1 through transcription factor docking." Science **286**(5443): 1368-71.

Rakhshandehroo, M., L. M. Sanderson, et al. (2007). "Comprehensive Analysis of PPARalpha-Dependent Regulation of Hepatic Lipid Metabolism by Expression Profiling." PPAR Res **2007**: 26839.

Reed, K. R., O. J. Sansom, et al. (2004). "PPARdelta status and Apc-mediated tumourigenesis in the mouse intestine." Oncogene **23**(55): 8992-6.

Ricote, M. and C. K. Glass (2007). "PPARs and molecular mechanisms of transrepression." Biochim Biophys Acta **1771**(8): 926-35.

Rival, Y., N. Beneteau, et al. (2002). "PPARalpha and PPARdelta activators inhibit cytokine-induced nuclear translocation of NF-kappaB and expression of VCAM-1 in EAhy926 endothelial cells." Eur J Pharmacol **435**(2-3): 143-51.

Roberts, A. B. and L. M. Wakefield (2003). "The two faces of transforming growth factor beta in carcinogenesis." Proc Natl Acad Sci U S A **100**(15): 8621-3.

Schlunegger, M. P. and M. G. Grutter (1992). "An unusual feature revealed by the crystal structure at 2.2 A resolution of human transforming growth factor-beta 2." Nature **358**(6385): 430-4.

Schmierer, B. and C. S. Hill (2005). "Kinetic analysis of Smad nucleocytoplasmic shuttling reveals a mechanism for transforming growth factor beta-dependent nuclear accumulation of Smads." Mol Cell Biol **25**(22): 9845-58.

Shi, M. J., S. R. Park, et al. (2001). "Roles of Ets proteins, NF-kappa B and nocodazole in regulating induction of transcription of mouse germline Ig alpha RNA by transforming growth factor-beta 1." Int Immunol **13**(6): 733-46.

Shi, Y., M. Hon, et al. (2002). "The peroxisome proliferator-activated receptor delta, an integrator of transcriptional repression and nuclear receptor signaling." Proc Natl Acad Sci U S A **99**(5): 2613-8.

Shi, Y. and J. Massague (2003). "Mechanisms of TGF-beta signaling from cell membrane to the nucleus." Cell **113**(6): 685-700.

Shi, Y., Y. F. Wang, et al. (1998). "Crystal structure of a Smad MH1 domain bound to DNA: insights on DNA binding in TGF-beta signaling." Cell **94**(5): 585-94.

Sipos, B., S. Moser, et al. (2003). "A comprehensive characterization of pancreatic ductal carcinoma cell lines: towards the establishment of an in vitro research platform." Virchows Arch **442**(5): 444-52.

Staiger, H., C. Haas, et al. (2009). "Muscle-derived angiopoietin-like protein 4 is induced by fatty acids via peroxisome proliferator-activated receptor (PPAR)-delta and is of metabolic relevance in humans." Diabetes **58**(3): 579-89.

Stanley, T. B., L. M. Leesnitzer, et al. (2003). "Subtype specific effects of peroxisome proliferator-activated receptor ligands on corepressor affinity." Biochemistry **42**(31): 9278-87.

Stanya, K., Y. Liu, et al. (2010). "Cdk2 and Pin1 negatively regulate the transcriptional corepressor SMRT." J Cell Biol. **163**(1):49-61.

Stapleton, C. M., J. H. Joo, et al. "Induction of ANGPTL4 expression in human airway smooth muscle cells by PMA through activation of PKC and MAPK pathways." Exp Cell Res **316**(4): 507-16.

Suchanek, K. M., F. J. May, et al. (2002). "Peroxisome proliferator-activated receptor beta expression in human breast epithelial cell lines of tumorigenic and non-tumorigenic origin." Int J Biochem Cell Biol **34**(9): 1051-8.

Tan, N. S., L. Michalik, et al. (2004). "Peroxisome proliferator-activated receptor-beta as a target for wound healing drugs." Expert Opin Ther Targets **8**(1): 39-48.

ten Dijke, P., K. K. Iwata, et al. (1990). "Molecular characterization of transforming growth factor type beta 3." Ann N Y Acad Sci **593**: 26-42.

Thering, B. J., M. Bionaz, et al. (2009). "Long-chain fatty acid effects on peroxisome proliferator-activated receptor-alpha-regulated genes in Madin-Darby bovine kidney cells: optimization of culture conditions using palmitate." J Dairy Sci **92**(5): 2027-37.

Tian, G., B. Erman, et al. (1999). "Transcriptional activation by ETS and leucine zipper-containing basic helix-loop-helix proteins." Mol Cell Biol **19**(4): 2946-57.

Tong, B. J., J. Tan, et al. (2000). "Heightened expression of cyclooxygenase-2 and peroxisome proliferator-activated receptor-delta in human endometrial adenocarcinoma." Neoplasia **2**(6): 483-90.

Torchia, J., D. W. Rose, et al. (1997). "The transcriptional co-activator p/CIP binds CBP and mediates nuclear-receptor function." Nature **387**(6634): 677-84.

Tsukazaki, T., T. A. Chiang, et al. (1998). "SARA, a FYVE domain protein that recruits Smad2 to the TGFbeta receptor." Cell **95**(6): 779-91.

Ueberham, U., P. Lange, et al. (2009). "Smad2 isoforms are differentially expressed during mouse brain development and aging." Int J Dev Neurosci **27**(5): 501-10.

Velasco, S., P. Alvarez-Munoz, et al. (2008). "L- and S-endoglin differentially modulate TGFbeta1 signaling mediated by ALK1 and ALK5 in L6E9 myoblasts." J Cell Sci **121**(Pt 6): 913-9.

Venugopal, R. and A. K. Jaiswal (1996). "Nrf1 and Nrf2 positively and c-Fos and Fra1 negatively regulate the human antioxidant response element-mediated expression of NAD(P)H:quinone oxidoreductase1 gene." Proc Natl Acad Sci U S A **93**(25): 14960-5.

Wahli, H. K. a. W. (1993). "Peroxisome proliferator-activated receptors A link between endocrinology and nutrition?
." Trends in Endocrinology & Metabolism **4**(9): 291-296.

Wang, B., I. S. Wood, et al. (2007). "Dysregulation of the expression and secretion of inflammation-related adipokines by hypoxia in human adipocytes." Pflugers Arch **455**(3): 479-92.

Weisberg, E., G. E. Winnier, et al. (1998). "A mouse homologue of FAST-1 transduces TGF beta superfamily signals and is expressed during early embryogenesis." Mech Dev **79**(1-2): 17-27.

Werman, A., A. Hollenberg, et al. (1997). "Ligand-independent activation domain in the N terminus of peroxisome proliferator-activated receptor gamma (PPARgamma). Differential activity of PPARgamma1 and -2 isoforms and influence of insulin." J Biol Chem **272**(32): 20230-5.

Wiesner, G., R. E. Brown, et al. (2006). "Increased expression of the adipokine genes resistin and fasting-induced adipose factor in hypoxic/ischaemic mouse brain." Neuroreport **17**(11): 1195-8.

Wotton, D., J. Ghysdael, et al. (1994). "Cooperative binding of Ets-1 and core binding factor to DNA." Mol Cell Biol **14**(1): 840-50.

Wotton, D., R. S. Lo, et al. (1999). "A Smad transcriptional corepressor." Cell **97**(1): 29-39.

Wurtz, J. M., W. Bourguet, et al. (1996). "A canonical structure for the ligand-binding domain of nuclear receptors." Nat Struct Biol **3**(2): 206.

Xiao, L., J. N. Rao, et al. (2010). "Induced ATF-2 represses CDK4 transcription through dimerization with JunD inhibiting intestinal epithelial cell growth after polyamine depletion." Am J Physiol Cell Physiol **298**(5): C1226-34.

Xie, X. Q., E. Pardali, et al. (1999). "AML and Ets proteins regulate the I alpha1 germ-line promoter." Eur J Immunol **29**(2): 488-98.

Xu, H. E., M. H. Lambert, et al. (1999). "Molecular recognition of fatty acids by peroxisome proliferator-activated receptors." Mol Cell **3**(3): 397-403.

Xu, H. E., M. H. Lambert, et al. (2001). "Structural determinants of ligand binding selectivity between the peroxisome proliferator-activated receptors." Proc Natl Acad Sci U S A **98**(24): 13919-24.

Xu, L., Y. Kang, et al. (2002). "Smad2 nucleocytoplasmic shuttling by nucleoporins CAN/Nup214 and Nup153 feeds TGFbeta signaling complexes in the cytoplasm and nucleus." Mol Cell **10**(2): 271-82.

Yagi, K., D. Goto, et al. (1999). "Alternatively spliced variant of Smad2 lacking exon 3. Comparison with wild-type Smad2 and Smad3." J Biol Chem **274**(2): 703-9.

Yakymovych, I., P. Ten Dijke, et al. (2001). "Regulation of Smad signaling by protein kinase C." FASEB J 15(3): 553-5.

Yang, L., Z. G. Zhou, et al. (2008). "RNA interference against peroxisome proliferator-activated receptor delta gene promotes proliferation of human colorectal cancer cells." Dis Colon Rectum 51(3): 318-26; discussion 326-8.

Yang, Y. H., Y. Wang, et al. (2008). "Suppression of the Raf/MEK/ERK signaling cascade and inhibition of angiogenesis by the carboxyl terminus of angiopoietin-like protein 4." Arterioscler Thromb Vasc Biol 28(5): 835-40.

Yasmin, R., R. M. Williams, et al. (2005). "Nuclear import of the retinoid X receptor, the vitamin D receptor, and their mutual heterodimer." J Biol Chem 280(48): 40152-60.

Yingling, J. M., M. B. Datto, et al. (1997). "Tumor suppressor Smad4 is a transforming growth factor beta-inducible DNA binding protein." Mol Cell Biol 17(12): 7019-28.

Yu, C., K. Markan, et al. (2005). "The nuclear receptor corepressors NCoR and SMRT decrease peroxisome proliferator-activated receptor gamma transcriptional activity and repress 3T3-L1 adipogenesis." J Biol Chem 280(14): 13600-5.

Yu, S. and J. K. Reddy (2007). "Transcription coactivators for peroxisome proliferator-activated receptors." Biochim Biophys Acta 1771(8): 936-51.

Zawel, L., J. L. Dai, et al. (1998). "Human Smad3 and Smad4 are sequence-specific transcription activators." Mol Cell 1(4): 611-7.

Zhang, H., H. O. Akman, et al. (2003). "Cellular response to hypoxia involves signaling via Smad proteins." Blood 101(6): 2253-60.

Zhang, Y., X. Feng, et al. (1996). "Receptor-associated Mad homologues synergize as effectors of the TGF-beta response." Nature 383(6596): 168-72.

Zhang, Y., X. H. Feng, et al. (1998). "Smad3 and Smad4 cooperate with c-Jun/c-Fos to mediate TGF-beta-induced transcription." Nature 394(6696): 909-13.

Zhang, Y. E. (2009). "Non-Smad pathways in TGF-beta signaling." Cell Res 19(1): 128-39.

Zhu, Y., C. Qi, et al. (1996). "Cloning and identification of mouse steroid receptor coactivator-1 (mSRC-1), as a coactivator of peroxisome proliferator-activated receptor gamma." Gene Expr 6(3): 185-95.

Zhu, Y., C. Qi, et al. (1997). "Isolation and characterization of PBP, a protein that interacts with peroxisome proliferator-activated receptor." J Biol Chem 272(41): 25500-6.

7 Anhang

7.1 Verzeichnis der akademischen Lehrer

Meine akademischen Lehrer waren die Damen und Herren in Marburg:

Adamkiewicz, Aigner, Bastians, Bauer, Daut, del Rey, Eilers, Elsässer, Fritz, Garn, Garten, Grzeschik, Gudermann, Haselik, Jacob, Koch, Koolman, Krebber, Löffler, Lill, Liss, Lohoff, Meißner, Moll, Müller, Müller-Brüsselbach, Röhm, Röper, Renz, Schäfer, Suske, Weihe und Westermann.

7.2 Publikationen

Till Adhikary*, Florian Finkernagel*, Kerstin Kaddatz*, Anne Grahovac, Josefine Stockert, Olesja Popow, Wolfgang Meißner, Maren Scharfe, Michael Jarek, Helmut Blöcker, Sabine Müller-Brüsselbach and Rolf Müller *Genome-wide analyses define different classes of PPARβ/δ target genes characterized by distinct modes of transcriptional regulation.* (Manuskript in Vorbereitung)

Kerstin Kaddatz, Till Adhikary, Florian Finkernagel, Wolfgang Meissner, Sabine Müller-Brüsselbach and Rolf Müller *Transcriptional profiling identifies functional interactions of TGF-β and PPARβ/δ signaling: synergistic induction of ANGPTL4 transcription.* (eingereicht 2010)

Josefine Stockert*, Till Adhikary*, Florian Finkernagel, Kerstin Kaddatz, Wolfgang Meissner, Sabine Müller-Brüsselbach and Rolf Müller *Reverse crosstalk of TGFβ and PPARβ/δ signaling in differentiating myofibroblasts identified by transcriptional profiling.* (eingereicht 2010)

Naruhn S, Meissner W, Adhikary T, Kaddatz K, Klein T, Watzer B, Müller-Brüsselbach S, Müller R. *15-hydroxyeicosatetraenoic acid is a preferential peroxisome proliferator-activated receptor beta/delta agonist.* Mol Pharmacol. 2010 Feb;77(2):171-84. Epub 2009 Nov 10.

Müller-Brüsselbach S*, Komhoff M*, Rieck M*, Meissner W, Kaddatz K, Adamkiewicz J, Keil B, Klose KJ, Moll R, Burdick AD, Peters JM, Müller R. *Deregulation of tumor angiogenesis and blockade of tumor growth in PPARbeta-deficient mice.* EMBO J. 2007 Aug 8;26(15):3686-98. Epub 2007 Jul 19.

Kreutzer M*, Fauti T*, Kaddatz K, Seifart C, Neubauer A, Schweer H, Kömhoff M, Müller-Brüsselbach S, Müller R. *Specific components of prostanoid-signaling pathways are present in non-small cell lung cancer cells.* Oncol Rep. 2007

Aug;18(2):497-501.
Adamkiewicz J, Kaddatz K, Rieck M, Wilke B, Müller-Brüsselbach S, Müller R.
Proteomic profile of mouse fibroblasts with a targeted disruption of the peroxisome proliferator activated receptor-beta/delta gene. Proteomics. 2007 Apr;7(8):1208-16.

*Ko-Erstautorenschaft

7.3 Danksagung

Mein besonderer Dank gilt Prof. Dr. Rolf Müller und Dr. Sabine Müller-Brüsselbach für die Überlassung dieses interessanten Promotionsthemas, für die wertvollen konstruktiven Anregungen und Diskussionen sowie für das kritische Korrekturlesen des Manuskripts.

Ich möchte mich außerdem ganz herzlich bei der gesamten Arbeitsgruppe für die sehr freundschaftliche und warme Arbeitsatmosphäre, die hilfreichen Tipps, den ständigen Austausch von Ideen und die Aufmunterungen in schlechten Zeiten bedanken.

Ein großes Dankeschön geht an dieser Stelle an Till Adhikary für die tatkräftige Unterstützung und gute Zusammenarbeit beim „*ANGPTL4*-Projekt" und für die Bereitstellung der ChIP-Daten.

Bei Till Adhikary, Margitta Alt, Wolfgang Meißner, Simone Naruhn, Verena Rohnalter, Markus Rieck und Josefine Stockert möchte ich mich außerdem für das ausführliche und schnelle Korrekturlesen dieser Arbeit bedanken.

Meiner Familie möchte ich ganz besonders dafür danken, dass sie stets hinter mir steht und dass sie durch ihre liebenswürdige Weise einfach für mich da ist.

Abschließend möchte ich mich bei meinem Freund von ganzem Herzen bedanken, der mich durch die Zeit als Doktorandin immer unterstützend, liebevoll und aufbauend begleitet hat. Danke.

I want morebooks!

Buy your books fast and straightforward online - at one of world's fastest growing online book stores! Environmentally sound due to Print-on-Demand technologies.

Buy your books online at
www.morebooks.shop

Kaufen Sie Ihre Bücher schnell und unkompliziert online – auf einer der am schnellsten wachsenden Buchhandelsplattformen weltweit! Dank Print-On-Demand umwelt- und ressourcenschonend produziert.

Bücher schneller online kaufen
www.morebooks.shop

KS OmniScriptum Publishing
Brivibas gatve 197
LV-1039 Riga, Latvia
Telefax: +371 686 204 55

info@omniscriptum.com
www.omniscriptum.com

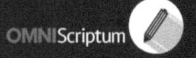

Printed by Books on Demand GmbH, Norderstedt / Germany